JN233558

講座 情報をよむ統計学 9

統計ソフト UEDAの使い方

上田尚一 著

朝倉書店

講座〈情報をよむ統計学〉
刊 行 の 辞

情報化社会への対応　　情報の流通ルートが多様化し，アクセスしやすくなりました．誰もが簡単に情報を利用できるようになった … このことは歓迎してよいでしょう．ただし，玉石混交状態の情報から玉を選び，その意味を正しくよみとる能力が必要です．現実には，玉と石を識別せずに誤用している，あるいは，意図をカムフラージュした情報に誘導される結果になっている … そういうおそれがあるようです．

　特に，数字で表わされた情報については，数値で表現されているというだけで，正確な情報だと思い込んでしまう人がみられるようですね．

情報のよみかき能力が必要　　どういう観点で，どんな方法で計測したのかを考えずに，結果として数字になった部分だけをみていると，「簡単にアクセスできる」ことから「簡単に使える」と勘違いして，イージィに考えてしまう … こういう危険な側面があることに注意しましょう．

　数値を求める手続きを考えると，「たまたまそうなったのだ」という以上にふみこんだ言い方はできないことがあります．また，その数字が正しいとしても，その数字が「一般化できる傾向性と解釈できる場合」と，「調査したそのケースに関することだという以上には一般化できない場合」とを，識別しなければならないのです．

その基礎をなす統計学　　こういう「情報のよみかき能力」をもつことが必要です．また，情報のうち数値部分を扱うには，「統計的な見方」と「それに立脚した統計手法」を学ぶことが必要です．

　この講座は，こういう観点で統計学を学んでいただくことを期待してまとめたものです．

　当面する問題分野によって，扱うデータも，必要とされる手法もちがいますから，そのことを考慮に入れる … しかし，できるだけ広く，体系づけて説明する … この相反する条件をみたすために，いくつかの分冊にわけています．

まえがき

　統計手法を適用するには，コンピュータが必要です．
　計算機を使わなければ実行できない計算もありますし，簡単な計算でもデータの取り上げ方をかえて，何回もくりかえすことが必要となります．また，種々の統計データを計算機の中に入れておき，問題の扱い方に応じて，検索・利用する … こういう機能を受けもつためにも不可欠のツールです．
　したがって，本シリーズでは学習を助けるために統計ソフト UEDA を用意してあります．このテキストに添付してある CD-ROM です．

| 統計ソフト UEDA | ただし，UEDA は，計算や分析のためのツールというだけのものではありません． |

　UEDA は Utility for Educating Data Analysis, すなわち，統計教育用ソフトであり，統計手法の学習を助けるという意図を含めて開発したものです．すなわち，分析を実行するためのプログラムだけでなく，手法の意味や使い方の説明を画面上に展開するプログラムや，適当な実例用のデータをおさめたデータベースも含んでおり，これらを使って，

　　　　テキスト本文をよむ
　　　　　　→ 説明用プログラムを使って理解を確認する
　　　　　　→ 分析用プログラムを使ってテキストの問題を解いてみる
　　　　　　→ 手法を活用する力をつける
　　　　　　→ …

という学び方をサポートする「学習システム」になっているのです．

| UEDA の使い方 | このテキストは，UEDA の使い方を解説するものです． |

　正確にいうと，このシリーズで取り上げている統計手法の説明はそれぞれの分冊で行ない，このテキストでは，ソフトの使い方として共通する部分を説明するのです．
　UEDA を使うためのコンピュータ操作は，どの手法についてもできるだけ

共通化してありますから，その面に限ればこのテキストで十分です．

しかし，各手法の意味を理解して，実際の「問題処理に使える」ようになるためには，各分冊を参照することが必要です．

各分冊の説明をUEDAの画面展開によって確認する，あるいは，用意してある問題をUEDAを使って解いてみる … こういう使い方をすれば，「読んでわかった」という状態から，実際の問題に「使える」といえる状態になるでしょう．

このテキストの構成　このテキストでは，まず，コンピュータにインストールする手順を説明します．また「UEDAの使い方は簡単だ」ということを知ってもらうために，使い方の基本を説明します（第1章）．

その後，第2章・第3章で「どんなプログラムが用意されているか」を説明した後に，第5章・第6章で，いくつかの代表的なプログラムを取り上げて，その使い方を説明します．

また，UEDAには，プログラムの使い方を説明するための「例示用データ」と，実際の問題処理を体験するための「問題用データ」を用意してありますから，第4章でこれらのデータの記録方式と使い方を概説した後，第7章では，データを「分析目的に応じて編成替えする」場面で使うプログラムについて説明します．

シリーズの1分冊として　このテキストは，「情報をよむ統計学」の1分冊です．

このシリーズでは，種々の統計手法を取り上げていますが，その解説では実際の問題解決に直結するように，適当な実例を取り上げています．たとえば数理を解説する場合，その数理がなぜ必要となるのか，そうして，数理でどこまで対応でき，どこに限界があるのか … そこをはっきりさせるために，実際の問題を扱っているのです．

したがって，問題は数値ではなく，数値で表わされている情報をよみとることです．

「数値で表わされた情報」を扱うとき，それが，「どういう観点で，どんな方法で計測されたのか」を考えずに，結果として数字になった部分だけをみていると，「簡単にアクセスできる」ことから「簡単に使える」と勘違いし，コンピュータを使えば答えが出ると，イージィに考えてしまう … こういう危険な側面があることに注意しましょう．

> **情報の**
> **よみかき能力**

数値を求める手続きを考えると,「たまたまそうなったのだ」という以上にふみこんだ言い方はできないことがあります．また，数字が正しいとしても，その数字が「一般化できる傾向性と解釈できる場合」と，「調査したそのケースに関することだという以上には一般化できない場合」とを，識別しなければならないのです．

こういう「情報のよみかき能力」をもつことが必要ですから，その観点で統計学を学んでいただくことを期待してまとめたものです．

統計ソフト UEDA も，このことを考えつつ利用してください．

2002 年 8 月

上 田 尚 一

目　　次

1. UEDA ———————————————————————————— 1
　1.1　UEDAとその設計方針　1
　1.2　インストール　3
　1.3　UEDAの起動と終了または中断　8
　1.4　プログラムの進行に関する通則　9
　1.5　プログラムの使い方 ── 例：AOV01E　10
　1.6　プログラムの使い方 ── 例：AOV01A　13

2. UEDAのプログラム構成 ———————————————————— 15
　2.1　UEDAのプログラムと典型的な処理の流れ　15
　2.2　プログラム開発用言語　16
　2.3　UEDAのシステムプログラム　18
　2.4　実行プログラム　19
　2.5　共通ルーティン　20
　2.6　データベースの管理・検索プログラム　22
　2.7　UEDAのデータ記録形式　23

3. UEDAのプログラム ————————————————————— 26
　3.1　データの統計的表現（基本）　26
　3.2　データの統計的表現（分布）　28
　3.3　分散分析と仮説検定　30
　3.4　2変数の関係プロット　32
　3.5　回帰分析　33
　3.6　時系列データの分析　37
　3.7　構成比の比較　38
　3.8　多次元データ解析　41
　3.9　調査結果の集計　44
　3.10　地域メッシュ統計　45
　3.11　統計グラフをかくプログラム　48

4. UEDA用のデータ形式と管理 ─────────────── 50
    4.1 UEDA用のデータ記録形式 50
    4.2 Vタイプの記録形式 51
    4.3 Vタイプ ── 分布表の場合 54
    4.4 Sタイプの記録形式 56
    4.5 Sタイプ ── 分布表の場合 59
    4.6 3要因組み合わせ表 61
    4.7 データの構成や使い方を記述するキイワード 63

5. プログラムの使い方(1) ── 共通ルーティン ─────────────── 66
    5.1 説明文の表示 66
    5.2 キイボードから入力 67
    5.3 文字列の入力 68
    5.4 表形式などに一連のデータを入力する場合 70
    5.5 データのセッティング 71
    5.6 データの変換など 72
    5.7 プリンター出力 76
    5.8 作業用ファイルの消去 78

6. プログラムの使い方(2) ── 統計処理プログラム ─────────────── 79
    6.1 基 本 79
    6.2 データの画面表示 83
    6.3 プログラムの使い方 ── 例：AOV03とAOV04 84
    6.4 プログラムの使い方 ── 例：XTPLOTとGUIDE 89
    6.5 プログラムの使い方 ── 例：XYPLOT 94
    6.6 プログラムの使い方 ── 例：GRAPH01 103
    6.7 プログラムの使い方 ── 例：CTA01A, CTA03, CLASS 110

7. プログラムの使い方(3) ── データファイル関係 ─────────────── 116
    7.1 データベース検索プログラム ── TBLSRCH 116
    7.2 データ入力プログラム ── DATAIPT 119
    7.3 データ入力プログラム ── CTAIPT 122
    7.4 キイワードなどの追加 ── DATAEDIT 126
        補注　データファイルとデータセット 129
    7.5 変数変換プログラム ── VARCONV (データセットの形式変換)
        130

7.6 変数変換プログラム——VARCONV (変数あるいは観察単位の加除)
　　　　　　　　　　　　　　　　　　　　　　　　134
7.7 変数変換プログラム——VARCONV (変数値の変換)　136
7.8 データセットの結合——FILEEDIT　142

付　録　145
　A．プログラム GUIDE　145
　B．説明文ファイル　149
　C．統計グラフの仕様記述　150
　D．データベース管理プログラム——TBLMAINT　152
　E．家計調査のデータベース　154
　F．地域分析と地域メッシュ統計　157
　G．統計地図用境界定数　161
　H．アンケート集計システム　162
　　H.1 コード表作成プログラム——CODEGEN　162
　　H.2 データ入力プログラム——IPTGEN　166
　　H.3 データ集計プログラム——TABGEN　168

索　引　173

《シリーズ構成》

1. 統計学の基礎 ……………………… どんな場面でも必要な基本概念.
2. 統計学の論理 ……………………… 種々の手法を広く取り上げる.
3. 統計学の数理 ……………………… よく使われる手法をくわしく説明.
4. 統計グラフ ………………………… 情報を表現し，説明するために.
5. 統計の活用・誤用 ………………… 気づかないで誤用していませんか.
6. 質的データの解析 ………………… 意識調査などの数字を扱うために.
7. クラスター分析 …………………⎫ 多次元データ解析とよばれる
8. 主成分分析 ………………………⎭ 手法のうちよく使われるもの.
9. 統計ソフト UEDA の使い方 …… 1〜8に共通です.

1

UEDA

まず1.2節の説明にしたがってインストールしてください．次に，1.4節に説明する通則にしたがっていくつかのプログラムを動かしてみましょう．

UEDAの意図がプログラムの設計にどのように組み込まれているかを把握できると思います．

▶1.1　UEDAとその設計方針

① まず明らかなことは

　　　統計手法を適用するためには，コンピュータが必要

だということです．計算機なしでは実行できない複雑な計算，何回も試行錯誤をくりかえして最適解を見出すためのくりかえし計算，多種多様なデータを管理し利用する機能など，コンピュータが果たす役割は大きいのです．また，統計学の学習においても，コンピュータの利用を視点に入れて進めることが必要です．

したがって，このシリーズについても，各テキストで説明した手法を適用するために必要なプログラムとデータベースを用意してあります．

② ただし，

　　　「それがあれば何でもできる」というわけではない

ことに注意しましょう．

道具という意味では，「使いやすいものであること」が期待されます．当然の要求ですが，広範囲の手法や選択機能がありますから，当面している問題に対して，

　　　「どの手法を選ぶか，どの機能を指定するか」

という「コンピュータには任せられない」ステップがあります．そこが難しく，学習と経験が必要です．「誰でもできます」と気軽に使えるものではありません．「統計学を知らなくても使える」ようにはできません．これが本質です．

③ このため，統計手法の「プログラムパッケージ」は，「知っている人でないと使えない」という側面をもっているのですが，そういう側面を考慮に入れた上で，できるだけ使いやすくする … これは，考えましょう．たとえば，「使い方のガイドをおりこんだソフト」にすることを考えるのです．
　特に，学習用のテキストでは
　　　　　「学習用という側面を考慮に入れた設計が必要」
です．UEDA は，このことを考慮に入れた「学習用のソフト」です．
　UEDA は，著者の名前であるとともに，Utility for Educating Data Analysis の略称です．
④ 教育用ということを意図して，
　　○　手法の説明を画面上に展開するソフト
　　○　処理の過程を説明つきで示すソフト
　　○　典型的な使い方を体験できるように組み立てたソフト
を，学習の順を追って使えるようになっています．たとえば「回帰分析」のプログラムがいくつかにわけてあるのも，このことを考えたためです．はじめに使うプログラムでは，何でもできるようにせず，基本的な機能に限定しておく，次に進むと，機能を選択できるようにする … こういう設計にしてあるのです．
⑤ 学習という意味では，そのために適した「データ」を使えるようにしておくことが必要です．したがって，UEDA には，データを入力する機能だけでなく，
　　　　学習用ということを考えて選んだデータファイルを収録した
　　　　「データベース」が用意されている
のです．収録されたデータは必ずしも最新の情報ではありません．それを使った場合に，「学習の観点で有効な結果が得られる」ことを優先して選択しています．
⑥ 以上のような意味で，UEDA は，
　　　　テキストと一体をなす「学習用システム」
だと位置づけるべきものです．
⑦ このシステムは，DOS 版として開発し，1991 年に朝倉書店を通じて市販していたものの Windows 版です．いくつかの大学や社会人を対象とする研修での利用経験を考慮に入れて，手法の選択や画面上での説明の展開を工夫するなど，大幅に改訂したのが，ここに添付した Version 6 です．
⑧ プログラムは，富士通の BASIC 言語コンパイラ―FBASIC97 を使って開発しました．開発したプログラムの実行時に必要なモジュールは，添付されています．Windows は，95，98，NT，2000 のいずれでも動きます．
⑨ 全体で約 10 メガバイトのメモリが必要です．
◆注1　プログラムは，著作権に関する法律によって保護されています．断りなく，複写，複製，転載する行為は違法となります．
　　ただし，教育の場面で複数のパソコンに転記して使うことは，許諾します．

◇ **注2**　予告なしにプログラムの内容を改変することがあります.

⑩　このテキストでは，まず，第1章で，インストール手順を説明します．第2章および第3章でUEDAを構成するプログラムを説明し，第4～6章でそれらの使い方を説明します．また，第7章で，データファイルの標準形式とそれを利用するためのプログラムについて説明します．

⑪　UEDAを構成するプログラムなどは，次のフォルダ構成になっています（図1.1.1）．

大きくわければ，

　　　プログラムをおさめた　　　　　¥PROG
　　　データファイルをおさめた　　　¥DATA
　　　作業用ファイルをおさめた　　　¥WORK

ですが，ファイル数が多いので，さらに細かく階層わけした形になっているのです．

図1.1.1　UEDAのフォルダ構成

```
¥UEDA                              専用のフォルダ
  ├─¥PROG ─┬                        プログラム
            ├─¥BUN                    各プログラムの説明文
            ├─¥GUIDE                  プログラムGUIDEと説明文
            └─¥MAPCONST               統計地図用定数
  ├─¥DATA ─┬─¥DATA                   一般のデータファイル
            ├─¥REI                    例示用データファイル
            │    ├─¥FILEEDIT          FILEEDIT用の仕様記述文例
            │    └─¥VARCONV           VARCONV用の仕様記述文例
            ├─¥GRAPH                  GRAPH用の仕様記述文例
            ├─¥CHOSA                  調査データの例
            ├─¥MESH                   地域メッシュデータの例
            ├─¥KAKEI                  家計調査のデータベース
            └─¥SSDS                   社会人口統計のデータベース
  └─¥WORK                            作業用ファイル
```

これらのうち家計調査および社会人口統計のデータベースは，いずれも日本統計協会で編集刊行されているものを使っていますが，UEDAで使う形に編成替えしてあります．ただし，対象年次は，限っています．
この形にして添付することについては，それぞれの著作権者の許諾を得ています．
統計地図用定数は，国土地理院から刊行されている「数値地図200000 海岸線・行政界」の情報を使って編成したものです．再編成の手順は付録Gで説明します．
この形に再編成して添付することについては，許諾を得ています．

▶1.2　インストール

①　添付したCD-ROMには，1.1の⑪に示す構成で，UEDAのプログラムおよびデータファイルが記録されていますから，ハードディスクにフォルダ¥UEDAをつくり，CD-ROMからそこにコピーして使います．

ただし，運用環境設定に関するいくつかの作業が必要ですから，CD-ROMにおさめてあるプログラムINSTALL.EXEを使ってください．

インストール手順

Windows を起動し,
「デスクトップ画面」(図 1.2.1) で
　「スタートボタン」をクリックし,
　「スタートメニュー」(図 1.2.2) を表示し,
　「ファイル名を指定して実行」をクリックし,
　「ファイル名指定画面」(図 1.2.3) を開きます.
そこで, CD-ROM をドライバーにセットした後
　D:￥UEDA￥INSTALL と入力し (図 1.2.4),
　(CD-ROM のドライブ番号が D 以外のシステムでは D の部分をかえる)
　Enter キイをおします.
確認して Enter キイをおすと, 図 1.2.5 を経て次の 3 つの処理が進行します.
　　ファイルコピー　　　　　⇒ ②
　　登録プログラムのリスト編成⇒ ③
　　使用環境指定および確認　⇒ ④

図 1.2.1　デスクトップ

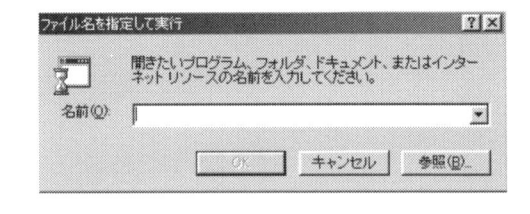

図 1.2.3　ファイル名指定

図 1.2.2　スタートメニュー

図 1.2.4　INSTALL プログラムの呼び出し

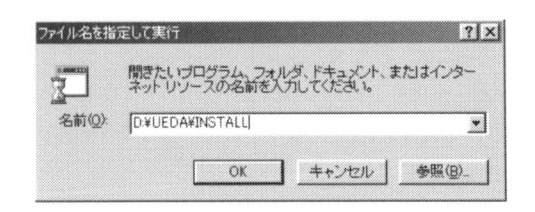

1.2 インストール

図 1.2.5 INSTALL のスタート

```
《UEDA (Utility for Educating Data Analysis)》    Enter キイをおすと
   INSTALL します                                  スタートします
```

UEDA を削除するときには，図 1.2.5 で X をおしてください．
UNINSTALL します．

② **ファイルコピー**　次に，コピー元とコピー先を指定する画面になりますから，CD のドライブ番号とハードディスクのドライブ番号を入力してください．

図 1.2.6 の 2 行目以下の部分が表示されますから，アンダーラインの箇所を環境に応じて入力し，確認して Enter キイをおすと，進行します．

図 1.2.6　ドライブ番号の指定

```
ソースは　CD……1　　FD……2                              1
　　そのドライブ番号は　　D　　確認して　Enter キイ        D
INSTALL 先は HD
　　そのドライブ番号は　　C　　これ以外なら指定           C

ドライブ D にソースプログラムをセットしてください
　　Enter キイをおすとはじめます
　　N をおすと中断します
```

INSTALL プログラムは，特別の場合を想定して FD から ¥UEDA の一部をインストールできるようにしてあります．

まず，ハードディスクにフォルダ ¥UEDA とサブフォルダ ¥PROG などがつくられ，CD-ROM におさめられたファイル名を表示しながら，コピーしていきます．

③ **プログラムリストの編成**　コピーが終わると，追加したプログラムと既存のプログラムを含む「プログラムリスト」を編成します．登録ずみのファイル名を青，未登録のファイル名を赤で示しつつ進行します．

図 1.2.7　プログラムリスト編成

```
         《3　分散分析》                    ← 区分名
AOV03E　AOV03A　AOV04　TESTH1　TESTH2       ← プログラム名

/1.*/2.*/
/3.1/3.2/3.3/3.4/3.5/                       ← プログラムリスト
```

④ **使用環境指定 (確認)**　つづいて，「使用環境指定 (確認) 画面」(図 1.2.8) になります．インストールの段階では (C を入力せよと要求されていなくても確認のために) C と入力してください．

図 1.2.8 使用環境指定

```
指定ずみのときは Enter キイ
未設定または変更するときは………C
```

まず図1.2.9に示す点について設定しますから，確認してEnterキイをおします．特別の使い方をするときには，入力して表示を変更しますが，一般には確認だけでよいはずです．

図 1.2.9 使用環境設定(a)

使い方		E
使用環境	一般の Windows 環境の場合	V
	DOS-V 以前の PC シリーズの場合	P
カラーモード	256 色	1
解像度	640×480 の場合	V
	それ以外の場合も V として使ってください	
プログラム用フォルダ		C:¥UEDA¥PROG
データ用フォルダ		C:¥UEDA¥DATA
作業用フォルダ		C:¥UEDA¥WORK

PCシリーズの一部では，ドライブ名のC：の箇所がたとえばA：のようにおきかえられています．

つづいて，次のb, c, d, eの順に進行します．d以外はEnterキイをおすだけですが，使い方の基本の説明c, eをよんでください．dの「画面表示速度の調整」は，実際に使うときにも指定できますから，ここでは0と入力します．

図 1.2.10 使用環境設定(b)

b	タイマーセット	自動進行．
c	基本的な使い方ガイド	表示をよんでください．
		表示が静止したときは Enter キイ．
d	画面表示速度の調整	表示速度を調整したいなら ＋ または －．
		調整不要なら 0 を入力．
e	つづいて，ガイドを表示	赤のカーソルは自動進行．緑は入力まち．

以上で，UEDAの「メニュー画面」(8ページの図1.3.1)になります．

⑤　これでインストールは終わりです．ひきつづいてUEDAを使うことができますが，いったん終了してください．

CtrlキイとCキイを同時におすとWindowsのデスクトップの画面にもどります．

⑥　Windowsを起動しなおすと，デスクトップにUEDA用のショートカットができているはずです（図1.2.11）．

ただし，これは，ハードディスクのドライブ番号がCの場合を想定しています．これら以外の場合には，次の注1にしたがって，参照先指定をそれぞれのドライブ番

号に変更してください (図 1.2.12).

◆ **注 1** アイコンを右クリックして「プロパティ」を指定すると，図 1.2.12 の画面になりますから，ドライブ番号 C の箇所を書き換えます．

◆ **注 2** インストールで指定した環境と異なる環境で使う場合には，使用環境を変更します．
そのためには，図 1.2.3 のところで，C：￥UEDA￥PROG￥SETUP を指定して，手順 ④ を実行します．SETUP がされていないときには，メニューを使えないことがあります．

◆ **注 3** 収録プログラムのリストをつくりかえたいときには，インストール手順中の ③ を適用します．そのためには，メニュー (図 1.3.1) の「共通ルーティン」に含まれるプログラム CONTENT を使います．
たとえば授業で，プログラムの一部のみをコピーして使わせる場合などにこの処置を行ないます．

⑦ **インストールの別法**　　INSTALL.EXE を使うかわりに次の手順を使ってインストールすることもできます．

    a. Windows の「コピー/はりつけ」機能を使って CD-ROM の ￥UEDA のフォルダをハードディスクにコピーする (コピーの結果 ￥UEDA の属性が「よみとり専用」になっている場合，それを解除する)．
    b. プログラム SETUP を使って環境設定を行なう (上記注 2)．
    c. プログラム CONTENT を使ってプログラムリストを用意する (上記注 3)．
    d. ￥UEDA￥MENU.LNK をデスクトップにコピーし，必要なら注 1 の調整を行なう．

図 1.2.11　UEDA のアイコン　　　　　図 1.2.12　ショートカットの属性変更

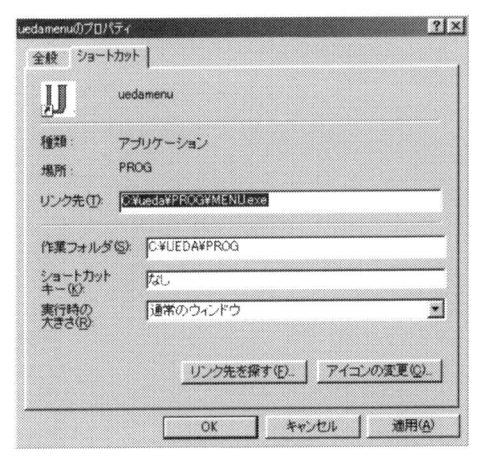

▶1.3 UEDA の起動と終了または中断

① UEDA を使うには，デスクトップで，uedamenu アイコンをクリックします．すぐに，次のメニュー画面になります．

図 1.3.1　UEDA のメニュー画面

```
            《Utility for Educating Data Analysis》
     1…データの統計的表現(基本)      8…多次元データ解析
     2…データの統計的表現(分布)      9…メッシュデータ解析
     3…分散分析と仮説検定           10…アンケート処理
     4…2変数の関係                 11…統計グラフと統計地図
     5…回帰分析                    12…データベース
     6…時系列分析                  13…共通ルーティン
     7…構成比の比較分析             14…GUIDE
                    番号で指定……  /
```

UEDA 起動の別法：「ファイル名を指定して実行」の欄に C:¥UEDA¥PROG¥MENU と入力して起動することもできます．

② **使用プログラムの指定**　メニューには，収録プログラムの大区分が，番号つきで，表示されています．

番号を入力すると，その大区分に含まれるプログラム名と内容説明が表示されます(図1.3.2)．最初の行が緑で表示されていますから，↓または↑を使ってその箇所を移動させ，使うプログラムの所で Enter キィをおします(使うプログラムの番号を入力する方法も使えます)．

右下に確認を求める表示が現われますから Y と入力します．

図 1.3.2　サブメニューの例

```
              ≪1…データの統計的表現(基本)≫
     1  AOV01E      分散の見方と計算方法
     2  AOV01A      分散の計算
     3  AOV02E      分散の見方と計算方法 … データ数が多い場合
     4  AOV02A      分散の計算 … データ数が多い場合
     5  Q1Q2Q3      四分位値の計算
     6  Q1Q2Q3X     四分位値の計算 … データ数が多い場合
     7  BUNPU0      分布の表わし方
     8  XACOMP      平均値の比較
     メニューへもどる
```

これらの画面では，UEDA のプログラム全体を表示するようになっていますが，収録されていない分はカラー(藍色)で識別されており，入力しても反応しません．

③ 以下，データの指定，説明文の表示（用意されている場合）の順に進み，指定されたプログラムが呼び出されます．

以降の進行はプログラムごとにちがいますが，たいていは，次節で説明する通則だけでわかると思います．

その後の進行については 1.5 節と 1.6 節で例示します．

④ **UEDA の終了または中断**　　Ctrl キイと C キイを同時におすと，UEDA の処理が中断されます．そこで Enter キイをおすと，Windows のデスクトップ画面になります．

エラー状態になって中断した場合，あるいは Esc キイをおして中断した場合には，「何か入力してください」という表示が出ることがあります．その場合何かを入力すると，UEDA の処理をつづけますが，それ以降の進行は正常とは限りませんから，画面左上のプログラム名の箇所をクリックしてプログラムを閉じてください．

Windows のデスクトップの画面になります．

▶1.4　プログラムの進行に関する通則

① この節では，プログラムを進行させるときに必要となるキイ操作について説明します．それぞれの操作は，ある意図をコンピュータに伝えるための操作ですから，
　　　　処理の内容を考えて操作すべきこと
ですが，それは，個々のプログラムごとにちがいますから，別の箇所で説明するものとし，ここでは
　　　　どんな場面にも共通する機械的な操作（できるだけ統一してある）
について説明しておきます．

② UEDA では，Windows から UEDA を起動した後は，マウスは使いません．

③ 説明文を表示するプログラムの場合は，ほとんどが自動的に進行します．

説明の進行の要所で一時静止しますが，
　　　　赤のカーソル"/"のところでは，しばらくすると自動進行
　　　　緑のカーソル"/"のところでは，入力待ちの状態になる
のが基本です．

ただし，入力待ちの場合も
　　　　「特別な入力要求がなされている場合」以外は，
　　　　Enter キイを入力すると進行
します．

「説明をよんでくれ」という意味での静止ですから，機械的に Enter キイをおさず，意味を把握してから，進行させてください．

④ **計算処理を進めるプログラムの場合**　　この場合は，種々の入力要求がなされます．

「メニュー形式」で表示される場合，
「…しますか　　Y/N」のように表示される場合，
など，形式は異なりますが，画面の進行を理解してフォローしていれば，判断できるはずです．

入力操作に限っていえば，以下の2とおりの場合があります．

⑤　**入力方式1**——緑のカーソル"/"が点滅している場合

この場合の入力は，英数字(半角文字)です．たいていは1文字です．

英字は大文字でも，小文字でもかまいませんが，大文字を使う方がよいでしょう．

◆**注**　小文字を入力したときは大文字に変換されるようにしてありますが，この措置がすんでいない場合があります．

入力したらEnterキイで進行しますが，
　　誤りのないことを確認してからEnterキイをおす
ように習慣づけてください．Enterキイをおす前なら訂正できます(BSキイを使って，後ろから順に消去して入力しなおします)．

Enterの後，確認のメッセージを出して，訂正できるようになっている箇所がありますが，すべてではありません．「中断してやりなおす結果となる」でしょう．

◆**注**　例外的に，入力したらすぐに(Enterキイをおさなくても)進行する場合があります．

⑥　**入力方式2**——文字列を入力する場合
　　入力位置に緑または赤のカーソル"＿"または文字が表示される場合
があります．このときには，⑤とちがう入力方式を採用します．
　　一連の文字列を入力した後，Escキイをおす
　　入力位置を→キイや←キイで指定できる
　　DelキイやInsキイを使うことができる

◆**注1**　カーソルは，入力位置を示すために使われます．その位置に「文字"/"あるいは"＿"がある」というわけではありません．

◆**注2**　入力方式2では，赤は重ね書きモード，緑は挿入モードを示します．Insキイをおすと切り替えられます．

◆**注3**　入力位置を示す「ウインドウ」が現われる場合もあります．その場合も，入力操作は，ほぼ同じです(ちがいについては68ページ参照)．

◆**注4**　漢字などを全角文字で入力する場合の漢字変換は，Windowsに組み込まれた機能を使うことになります．

◆**注5**　行末に入力した場合，カーソルが重なって，表示されている文字が消されることがありますが，進行に問題はありません．

▷1.5　プログラムの使い方——例：AOV01E

①　プログラムの使い方については，この節を含め，以降のいくつかの箇所で説明

しますが，このテキストでは，主として「操作手順」について説明します．

「使い方」という意味では，プログラムによって処理される内容の説明が必要ですが，それは各テキストの方で行ないます．

② UEDA のプログラムとしては
　　「統計手法」を説明するプログラム
が含まれています．この節はそういうプログラムの一例として AOV01E を使ってみましょう．そうして，操作手順に関する限りは，1.4 節の基本手順の範囲で対応できることを確認してください．

③ **使用プログラムの指定**　　AOV01E は大区分 1 の 1 番目ですから，図 1.3.1 の画面で 1，図 1.3.2 の画面で 1 を指定してください．

確認に対して Y と応答すると，進行します．

④ **データの指定**　　一般にはまずデータ指定画面になるのですが，このプログラムの場合は使うデータが特定されていますから，すぐに，⑤へ進みます．

⑤ **説明文をよむ**　　次に「説明文をよむか」という問い合わせが出たときには Y と入力してください．

指定したプログラムの意味や使い方の説明文が表示されます．学習用プログラムでは，これが重要な部分です．

説明文の表示は，その区切りごとに静止しますが，赤のカーソルでは少したつと自動進行します．

緑のカーソルの箇所では Enter キイをおしてください．

図 1.5.1　プログラムのタイトル

```
********************************
*      分散の計算 - 1          *
*         AOV01E               *
*        手順説明用            *
*      99/04/05(V6.0)          *
********************************
```

◆**注**　説明文は，指定したプログラムを呼び出した後でよむこともできます．

また，特別の説明文(たとえばプログラムによる処理と一体になった形で展開されるもの)は，プログラムを呼び出した後で，よむようになっています．

⑥ ここまでがプログラム MENU で行なう処理です．説明文表示が終わると，指定したプログラムが呼び出されます．

⑦ プログラムが呼び出されると，プログラムのタイトルが表示されます(図 1.5.1)．

確認して Enter キイをおすと，「説明文をよむか」という問い合わせが表示され，H をおすと説明文をよめますが，MENU で指定した説明文と同じものですから，すでによんであれば，Enter キイをおして次へ進めましょう．

⑧ これ以降の進行は，プログラムごとにちがいますが，この節で取り上げている手法説明用プログラムの場合は，
　　　計算手順を追う形で画面表示が展開される
ようになっています．

⑨ まず、図1.5.2のように、用意されている基礎データを表示します。その下部に操作手順に関する注意書きが表示されています。通則の③で説明されたものと同じです。

⑩ Enter キイで進行させると、まず平均値の計算
次に、標準偏差の計算
が、偏差、偏差の平方、分散の順に進行し、図1.5.3に示す結果が得られます。

このプログラムで計算する標準偏差は

$$\sigma^2 = \frac{1}{N}\Sigma(X_I - \overline{X})^2$$

の平方根ですが、Enter キイで進行させつつ、ここに示した計算式をいくつかのステップにわけて適用していることを確認してください。

なぜそうするかが重要なのですが、テキスト第1巻で説明してあります。

⑪ 計算が終わると、図1.5.4のように、各観察値について、偏差を図示します。

標準偏差はこれらの「偏差の平均」ですから、ひとつひとつの観察値のレベルでみると、偏差の大きいデータもあれば偏差の小さいデータもある…そのことを、この図で把握するのです。

このように、標準偏差の計算結果だけでなく、基礎データをよむ上で必要な情報を、表あるいは図の形式で示す…これが、UEDAのプログラムの設計方針です。

図1.5.2 基礎データの表示

データインプット

##	X(#)
1	34.0000
2	38.0000
3	35.0000
4	42.0000
5	39.0000
6	41.0000
7	42.0000
8	40.0000
9	45.0000
10	40.0000
11	44.0000
12	38.0000

このデータについて 説明を表示しながら計算を進めます
緑のカーソルでは Enter キイ
赤のカーソルでは AUTOMATIC に進行します

図1.5.3 計算の進行…最後の結果

平均値の計算 標準偏差の計算
            偏差 偏差の平方 分散

##	X(#)	DX(#)	DXDX(#)
1	34.0000	-5.8333	34.0278
2	38.0000	-1.8333	3.3611
3	35.0000	-4.8333	23.3611
4	42.0000	2.1667	4.6944
5	39.0000	-0.8333	0.6944
6	41.0000	1.1667	1.3611
7	42.0000	2.1667	4.6944
8	40.0000	0.1667	0.0278
9	45.0000	5.1667	26.6945
10	40.0000	0.1667	0.0278
11	44.0000	4.1667	17.3611
12	38.0000	-1.8333	3.3611
計	478.000		119.667
平均	39.8333		9.9722

図1.5.4 計算結果の図示

残差（偏差値）

```
       -3  -2  -1   0  +1  +2  +3
 1  ·   ·   ·x  ·   ·   ·   ·
 2  ·   ·   ·   x   ·   ·   ·
 3  ·   ·x  ·   ·   ·   ·   ·
 4  ·   ·   ·   ·   x   ·   ·
 5  ·   ·   ·   x·  ·   ·   ·
 6  ·   ·   ·   ·x  ·   ·   ·
 7  ·   ·   ·   ·   x   ·   ·
 8  ·   ·   ·   x   ·   ·   ·
 9  ·   ·   ·   ·   ·   x   ·
10  ·   ·   ·   x   ·   ·   ·
11  ·   ·   ·   ·   ·x  ·   ·
12  ·   ·   x   ·   ·   ·   ·
```

平均値を 0 標準偏差を 1 として図示しています
いいかえると、偏差値 を図示したことになります

▶1.6 プログラムの使い方 —— 例：AOV01A

① **使用プログラムの指定**　AOV01A は大区分 1 の 2 番目ですから，これを指定してください．

② **データの指定**　プログラム AOV01A は AOV01E と同じ処理をするものですが，任意のデータを指定して計算できます．したがって，使うデータを指定する手順が入ってきます．

③ まず，次のデータ指定画面が表示されます（図 1.6.1）．
この画面では，
　　　例題を使う
　　　ファイル名を指定する
　　　作業用フォルダに記録されたデータを使う
のいずれかを選択できます．ただし，それぞれ UEDA のフォルダ ¥DATA¥REI, ¥DATA¥DATA, ¥WORK に記録されているものに限ります．

例題が用意されている場合には，まず，REI と入力して，例題を使ってみましょう．

データファイルを検索したり，編集するプログラムで出力されたファイルは作業用ファイル WORK.DAT になりますから，それを使うときは W と指定します．

また，直前のプログラムで使ったデータは WORK.DAT として残っていますから，それを使うときは W と指定できます．

データベース中のファイル名がわかっているときには，ここでそのファイル名を指定すれば使えます．

例示用データ以外のデータを使うには，2.7 節で「データの編成法などに関する説明」をした後にしましょう．

⑤ データを指定した場合，その内容を表示しつつ（図 1.6.2），作業用ファイルに書き出します．

図 1.6.1　データ指定画面の例

```
使うプログラム AOV01A を指定ずみ
例示用データは DX10.REI




使うデータ　例題を使うとき ………… REI と入力
データファイル名を指定できます ……… FILE名を入力
作業用ファイルのデータを使うとき …… W
```

図1.6.2 指定されたデータの表示(例)　　　　図1.6.3 データ指定画面

```
20000 '******************************'
20001 '*       サンプルデータ        *'
20002 '*          dx10.rei           *'
20003 '* 例題 for AOV01A             *'
20005 '******************************'
20010 data NOBS=12
20020 data VAR = テストデータ
20030 data 34,38,35,42,39,41,42,40,45,40,44,38
20040 data END
```

```
           1:      テストデータ
   X として 使うデータを指定(番号をINPUT)1

   計算します    結果は画面に表示されます
```

　データの形式については後述しますが，この例の場合
　　　　VAR=
という記述が含まれていることに注意してください．
　このプログラムでは，VARタイプのデータを使うようになっているので，この記述が含まれているデータを指定しなければならないのです．
　その他に
　　　　NOBS=
という記述があります．これが「データ数」を表わしていることはわかるでしょう．
　これ以外のキイワードについては，後で説明します(4.7節)．
　⑥　AOV01Aが呼び出されたとき，図1.6.3のように「データ指定画面」が現われます．
　1つのデータファイルに複数のデータが記録されている場合にそのどれを使うかを指定するための画面です．
　この例ではデータは1種類だけですから1を入力するかEnterキイを入力します．
　⑦　以降の進行はAOV01Eと同じですが，計算過程の途中で静止状態に入ることなく，すぐに結果を表示します．
　前節の図1.5.3，図1.5.4と同じ結果が得られていることを確認してください．
　表示される桁数がちがいます．AOV01Eの場合は説明用の画面設計の関係で桁数を短くしているのに対して，AOV01Aの場合は結果を利用する場合に必要な桁数を表示するようになっているのです．
　計算は，画面表示の桁数に関係なく，計算機の標準桁数で行なわれています．

2 UEDAのプログラム構成

この章では，UEDAを構成するプログラムやデータファイルについて，UEDAの処理の流れにおいてどんな機能を分担しているかを概説します．

▷2.1　UEDAのプログラムと典型的な処理の流れ

①　17ページのリストは，UEDAを構成するプログラムなどです．
　これらがそれぞれ機能を分担してUEDAの処理を進めるのです．ひとつひとつのプログラムの内容については後の章で説明しますが，ここでは，標準的な流れの各ステップにおいてどんなプログラムが使われているかを概説します．
　また，データの記録形式についても，あらましを説明します．
②　典型的な処理の流れは，
　　a．プログラムMENUで，使用プログラムとデータを指定し，指定プログラムに説明文を用意してある場合それを画面に表示する．指定データを作業用ファイルに転記する
　　b．指定プログラムでは，作業用ファイルからデータをよみこんでプログラムにひきつぎ，処理を実行し，結果を表示し，プリント用の出力を用意する
　　c．プログラムMENUで，プリンター出力を実行する
という順序ですが，説明文ファイルは，bのところでよむこともできます．
②　図2.1.1の2列目bが統計処理を行なう部分であり，その中の「処理」のステップでは，他の処理手順を呼び出す，あるいは，MENUにもどらず他のプログラムにひきついで処理をつづけるなど，より複雑なフローをたどることがあります．
③　また，基本的な流れという意味ではbがメインですが，その前後で，一部の処理が行なわれる形になっています．
　データをaでいったん作業用ファイルにかいた上，bで再びよみこむのは，プログ

図 2.1.1 典型的な処理の流れ

```
┌─────────────────┐    ┌─────────────────┐    ┌─────────────────┐
│   a. MENU       │    │   b. プログラム  │    │   c. MENU       │
├─────────────────┤    ├─────────────────┤    ├─────────────────┤
│ プログラムを    │    │ HELPPGM         │    │ PRINT           │
│ 指定            │    │ 説明文表示       │    │ プリンター出力   │
├─────────────────┤    ├─────────────────┤    └─────────────────┘
│ 対象データを    │    │ SETDATA         │
│ 指定            │    │ データよみこみ   │
├─────────────────┤    ├─────────────────┤
│ HELPPGM         │    │ 処理            │      *図中の太字は，プログラム名
│ 説明文表示       │    ├─────────────────┤      *その他は処理の内容
├─────────────────┤    │ 結果表示         │
│ 対象データを    │    ├─────────────────┤
│ 作業用に転記    │    │ 結果出力         │
├─────────────────┤    │ (プリント用)     │
│ 指定プログラム  │    ├─────────────────┤
│ を CALL         │    │ MENU を CALL    │
└─────────────────┘    └─────────────────┘
```

ラムを組み立てる都合だと了解しておいてください．

プリンター出力を b で行なわず，ファイル出力しておき，MENU で一括して行なうのは，プリンターを共用している環境下で使う場合，各プログラムではその内容を画面に示し，実際の出力は後で行なうといった使い方に対応するための措置です．

④　これらのことに関連して，どのプログラムも，

　　　　MENU から呼び出す形で使う

ことに注意してください．

処理の本体が b であっても，そのプログラムを直接呼び出すのでなく，a, b, c の順を追う形で使うのです．直接 b を呼び出してもよい場合がありますが，いつもそうだとは限りません．

途中で中断した場合，その後をつづける形で再開できるとは限りません．

　　　　「もとの状態にもどす」という意味で，必ず，MENU からはじめるのです．

▶ 2.2　プログラム開発用言語

①　プログラムを開発するには，問題を「特定の文法をもつ言語で記述する」，そうして，「それを計算機環境下で実行できる形にコンパイルする」という作業を行ないますが，そのために使うのが「プログラム開発用言語」です．

②　UEDA では，富士通の FBASIC を使っています．

BASIC 系統の言語としては QBASIC, N98BASIC などがありますが，「これまで DOS 環境で使っていた言語を変更しなくても Windows 環境に移行できる」という理

UEDA の構成プログラム

1. **富士通の FBASIC97 で開発したプログラム実行に必要なファイル**
    F1A0RN50.DLL   F1A0RO50.DLL   F1A0RW50.DLL
2. **UEDA のシステムプログラムなど**
    MENU.EXE   KANKYO.TBL   SETUP.EXE   CATALOG.LST
    CONTENT.LST   CONTENT.EXE   PRINT.EXE   DEL_WORK.EXE
    FONT *.TBL
3. **UEDA のプログラムなど**
    〈1： 統計的表現(基本)〉
    AOV01E.EXE   AOV01A.EXE   AOV02E.EXE   AOV02A.EXE
    Q1Q2Q3.EXE   Q1Q2Q3X.EXE   BUNPU0.EXE   XACOMP.EXE
    XACOMP1.EXE
    〈2： 統計的表現(分布)〉
    BOXPLOTH.EXE   BOXPLOT1.EXE   BOXPLOT2.EXE   BOXPLOT3.EXE
    XPLOT1.EXE   XPLOT2.EXE   XAPLOT.EXE   BUNPU1.EXE
    BUNPU2.EXE   BUNPU4.EXE   KAISQ.EXE   BUNPUHYO.EXE
    LAURENTZ.EXE   確率紙.EXE
    〈3： 分散分析〉
    AOV03E.EXE   AOV03A.EXE   AOV04.EXE   AOV05.EXE
    TESTH1.EXE   TESTH2.EXE   TESTH3.EXE   TESTH5.EXE
    TESTH6.EXE   TABLE.EXE
    〈4： 2変数の関係〉
    XYPLOT1.EXE   XYZPLOT.EXE   XYPLOT2.EXE   XYPLOT.EXE
    PXYPLOT.EXE
    〈5： 回帰分析〉
    REG00.EXE   REG01E.EXE   REG01A.EXE   REG02E.EXE
    REG02A.EXE   REG03.EXE   REG04.EXE   REG05.EXE
    REG06.EXE   REG07.EXE   REF08.EXE   REGXX.EXE
    REG0AA.EXE   REG0BB.EXE
    〈6： 時系列分析〉
    XTPLOT.EXE   LOGIT_H.EXE   LOGISTIC.EXE   RATECOMP.EXE
    〈7： 構成比の分析〉
    PGRAPH01.EXE   PGRAPH02.EXE   PQRPLOT.EXE   CTA01E.EXE
    CTA01A.EXE   CTA01B.EXE   CTA02E.EXE   CTA02X.EXE
    CTA03E.EXE   CTA03E.TBL   CTA03.EXE   CTA03X.EXE
    CTA04.EXE   CTA05.EXE   CTAIPT.EXE
    〈8： 多次元データ解析〉
    RMAT01.EXE   CORRPLOT.EXE   RANKCHK.EXE   W_MEAN.EXE
    TABLE2.EXE   PCA01.EXE   PCA01X.EXE   PCA02C.EXE
    PCAMAP.EXE   LABELING.EXE   CLASSH.EXE   CLASSH2.EXE
    CLASS.EXE   CLUSTH.EXE   CLUST.EXE   DENDRO.EXE
    〈9： メッシュデータ解析〉
    MESHIPT.EXE   MESHEDIT.EXE   MESHCVT.EXE   MESHPRT.EXE
    MESHMAP.EXE   等高線.EXE   MCLUST.EXE
    〈10： アンケート処理〉
    CODEGEN.EXE   IPTGEN.EXE   TABGEN.EXE

〈11： 統計グラフ・統計地図〉
　　　GRAPH01.EXE　　　GRAPH_H.EXE　　　立体棒.EXE　　　STATMAPX.EXE
　　　STATMAPY.EXE　　STATMAPD.EXE　　￥MAPCONST￥＊.＊
〈12： データベース〉
　　　TBLSRCH.EXE　　　TBLMAINT.EXE　　DBMENU.EXE　　　DATABASE.LST
　　　DATAID.LST　　　　REIID.LST　　　　KAKEI-1.EXE　　　KAKEI-2.EXE
　　　SSDS-2.EXE
〈13： データ管理〉
　　　DATAIPT.EXE　　　DATACHK.EXE　　　SETDATA.EXE　　　DATAEDIT.EXE
　　　FILEEDIT.EXE　　　VARCONV.EXE
〈14： GUIDE〉
　　　GUIDE01.EXE　　　GUIDE02.EXE　　　統計0.LST　　　　統計1.LST
　　　統計2.LST　　　　 統計3.LST　　　　追加.LST　　　　　＊.EXE

MENUに表示されないもの，あるいは，MENUに表示するための別名を含む．この他に，説明文ファイル，例示用データベース，一般データベースなどを含む．

由でFBASICを使用しました．

③　他の言語を使うと（FBASICを使ってもある程度）Windows環境をカスタマイズする（開発者の意図に応じる形に変形する）こともできますが，UEDAでは，そういうことはしていません．したがって，Windows環境との関係は，すべてFBASICを介する形になっています．

④　前ページのリストのうち「＊.EXE」は，FBASICでかいたソースプログラムをコンパイルしたものですが，それを動かすためには，F1A0RN50.DLLなど3つのライブラリファイルを使います．これらは，富士通からライセンスされています．

▶ 2.3　UEDAのシステムプログラム

①　UEDAのプログラムを運用するために，種々の基本機能を受けもつシステムプログラムを用意してあります．以下に，それらについて，機能の概要を説明します．

②　**MENU**は，すでにいくつかの箇所で説明したとおり，UEDAにおいて，プログラムを使う際の入り口として使うものです．

図2.1.1の1列目に示したとおり，まず，使うプログラムとデータを指定します．

また，指定されたプログラムを実行する前に，説明文を用意してある場合それを表示し，使うデータの指定を受けて，それを作業用ファイルに転記します．

こういう準備をした後，指定されたプログラムを呼び出すのです．

2.1節で注意したように，どのプログラムを使うときにも，まずMENUを呼び出すことになります．

③　**KANKYO.TBL**は，使うシステムの動作環境などを記述したファイルで，各プログラムでこれを参照します．このKANKYO.TBLはインストールの際につくら

れていますが，異なる環境で使うときにはこの KANKYO. TBL を書き換えること
が必要です．そのために使うプログラムが，**SETUP** です．
　④ **CATALOG. LST** は UEDA のプログラムなどの構成を示すリストで MENU
あるいは各プログラムで参照する説明文ファイルやサンプルデータなどを記録したも
のです．すなわち
　　a. MENU に表示するプログラム名
　　b. a と異なるプログラムを CALL する場合そのプログラム名
　　c. 説明文ファイル名
　　d. 参照する例示用データファイル名
　　e. 対象とするデータのタイプ
　　f. プログラムの概要
が図 2.3.1 のように記録されています．

図 2.3.1　CATALOG. LST の記述例

```
AOV01E/        /AOV01H. BUN/    //分散の意味と計算方法
AOV01A/    /          /DX10. REI/V/ 分散の計算
XYPLOT1/XYPLOT/      /DH15. REI/V/ 2 変数の関係プロットと説明のための補助線―1
XYPLOT2/XYPLOT/      /DH15. REI/V/ 2 変数の関係プロットと説明のための補助線―2
```

　この CATALOG. LST はテキスト形式のファイルですから，ワープロでも，エディターで
もよめるものです．

　CATALOG. LST に登録されているプログラムは，MENU で指定する形で使うも
のです．
　MENU で指定したプログラムから呼び出されるプログラムは，CATALOG. LST
に登録されていません．
　MENU で指定する形で使うものはすべてこのリストに登録されていますが，これ
とは別に，現に収録されている範囲を示すリスト **CONTENT. LST** があります．
CONTENT は，収録されている範囲を調べて，CONTENT. LST をつくるプログラ
ムです．
　一般には CATALOG. LST と CONTENT. LST の範囲は一致していますが，た
とえば，プログラムの一部を選びその範囲で使うように限定したい場合に CON-
TENT. LST を書き換えれば，MENU に表示する範囲を限定できます．
　⑤　**FONT0808. TBL, FONT1212. TBL, FONT1616. TBL** は，小さい文字をグラ
フィック画面に表示するためのフォントです．Windows にはたくさんのフォントが
含まれていますが，このフォントでは，「グラフに表示したとき，フォントの中心が
表示位置にそろうように」してあるので，UEDA 用として残しています．

図 2.3.2　システムプログラムなど

```
1  MENU. EXE       使用プログラムとデータを指定して呼び出す
2  KANKYO. TBL     使用環境を記述したテーブル
3  SETUP. EXE      使用環境の設定
4  CONTENT. EXE    登録プログラムのリスト編成
5  CATALOG. LST    メニューに表示するプログラム名と関連情報
6  CONTENT. LST    メニューに表示する範囲を制限するときに使う
7  FONT *. TBL     小さい文字用のフォント
```

▶ 2.4　実行プログラム

① 統計処理を実行するプログラムは，大きくわけると
　　統計手法を説明するためのプログラム
　　統計手法を問題処理に適用するために使うプログラム
とに大別されます．1.6 節，1.7 節で説明した典型例を動かして，それぞれの設計方針のちがいがわかったと思います．
　また，たとえば
　　同じ手法（たとえば回帰分析）を適用するプログラムが，
　　基本的な機能に限ったもの，
　　種々の機能を網羅したものなど，いくつかにわけてあること
も学習の順を考えた設計です．
　② 第 3 章でどんなプログラムが用意されているかを説明し，第 5 章でそのいくつかについて使い方を説明します．

▶ 2.5　共通ルーティン

① 多くのプログラムに共通する処理については，その部分を受けもつ「サブプログラム」や「サブルーティン」を用意して，それを引用する形にしてあります．したがって，
　　共通部分の処理は同じ操作で行なえる
ことになります．
　以下では，このタイプの共通ルーティンについて説明します（図 2.5.1）．
　② **プリンター出力**
　各プログラムの出力は，プリンター出力形式（TEXT 形式）のファイルとして記録されます．また，画面のコピーについても，プリンター出力形式（BMP 形式）のファイルとして扱うこともできます．
　プログラム **PRINT** は，それらを，プリンターに出力するプログラムです．
　このプログラムでは各プログラムの出力をそのままの形式で出力します．出力を編

集したいときには，Windows に付属している WORDPAD や PAINT を使ってください．

③ 作業用フォルダ管理

UEDA の作業中につくられるファイルはすべて，専用のフォルダ￥UEDA￥WORK に記録されます．

これらの作業用ファイルの中には，使うデータを転記するための WORK.DAT のように特に指定しなければ重ね書きされるものもあれば，プリンター出力用の拡張子 .PRT をもつファイルのように，消去せよと指定するまで保存されるものもありますから，適当なときに，その記録を整理することが必要です．

プログラム **DEL_WORK** は作業用フォルダに記録されたファイルを消去するプログラムです．

図 2.5.1 共通ルーティン

1	PRINT	プリンター出力
2	DEL_WORK	作業用フォルダのファイル消去
3	DATAIPT	データ入力（一般用）
4	SETDATA	以下の 3 つのプログラムの説明
5	VARCONV	データセットにおける変数変換
6	DATAEDIT	データセットに対するキイワード付加
7	FILEEDIT	データセット結合
8	DATACHK	データファイルの記録検査

④ データファイル編集プログラム

DATAIPT は，データを入力して，UEDA 用の形式で記録したデータファイルを用意するプログラムです．データ本体の入力とともに，データの型，データの名称，サイズを表わすキイワードを付加して，UEDA のプログラムで使える形式を整えます．

その他にも，**CTAIPT** や **STATMAPD** など特定のデータ用の入力プログラムがあります．

⑤ **DATAEDIT** は，UEDA での使い方を特定するためにキイワードなどをデータファイルに付加するために使うエディターです．DATAIPT でつけられるのはデータそのものの属性に関するキイワードであり，DATAEDIT を使って個別に付加すべき場合があるのです．

DATAIPT と DATAEDIT でつけ加えられたキイワードの処理は，そのデータセットを使う段階で実行されます．

⑥ データ変換プログラム

VARCONV は，データベースに記録されているデータに対して，記録形式を変更したり，変数や観察単位を加除したり，変数変換を行なうプログラムです．このプログラムを使うには，これらの処理内容を指定する「変換ルール」などをデータファイ

ルに書き足す作業が必要です．その作業は，VARCONV の中で入力ルーティンを呼び出して行ないます．

⑦ **FILEEDIT** は，主として複数のデータセットを結合するプログラムです．必要に応じて変数や観察単位の加除を指定できます．同一ファイル内のデータセットの結合なら VARCONV でもできますが，FILEEDIT では，そういう制限はありません．

⑧ **DATACHK** は，データファイルの記録を正しくよめないときに，問題箇所を探るために使うプログラムです．

⑨ **サブルーティン**

多くのプログラムに共通する処理を行なうものとしては，図 2.5.1 に示すプログラムの他に，プログラムから引用する形で使うサブルーティンが多数用意されています（図 2.5.2）．たとえば，説明文を画面に表示する，指定したデータを各プログラムに引き渡す，処理の進行過程において要求にこたえて入力するなどの機能を果たすのは，すべて，サブルーティンです．

これらについては，第 5 章で説明します．

図 2.5.2 共通ルーティン（サブルーティン形式）の主なもの

HELPPGM.SUB	説明文を画面に表示する
SETDATA.SUB	指定データを各プログラムで使う形にして引き渡す
IPTRTN.SUB	プログラムの進行中にキイボードから入力する
LEDIT.SUB	長い文字列を入力する場合
HCOPY.SUB	図形の画面表示のハードコピー
⋮	

▶ 2.6 データベースの管理・検索プログラム

① **データベース**

UEDA で使えるデータは，次のデータベースにわけて記録されています．

a. 一般のデータベース
b. 例示用データのデータベース
c. 地域メッシュ統計のデータベース
d. 家計調査のデータベース
e. 社会人口統計データのデータベース

これらのうち c, d, e は市販されている統計データを UEDA 用に組み込めるようにしたものであり，対象とする年次などが限られています．

② **データベースの検索**

DATABASE.LST は，UEDA で使えるデータベースのリストです．

DATAID.LST は一般のデータベースに収録されているデータファイル，**REIID**．

LST は例題用のデータファイルのファイル名を示すリストです．

TBLSRCH は，DATAID.LST に登録されているデータファイルを検索し，指定されたファイルを作業用ファイルとして書き出すプログラムです．各ファイルに複数のデータセットを含んでいるとき，その一部を指定して書き出すこともできます．

REIID.LST に登録されているデータファイルは，各プログラムで指定されているものを MENU で REI と指定して呼び出す形で使います．

それ以外のデータベースは，それぞれのデータベース用の検索プログラムが用意されており，DBMENU からそれらを呼び出す形で利用します．

図 2.6.1 データベースとその検索

一般のデータベース	TBLSRCH で検索
例示用データベース	MENU で指定
その他のデータベース	DBMENU を経て，それぞれの検索プログラムを使う

③ **データベースの管理**

TBLMAINT は，UEDA の標準形式で用意されているデータファイルを調べて，データリスト DATAID.LST あるいは REIID.LST をつくるプログラムです．検索プログラムは，これらのリストを手がかりにして検索を行なうのです．

これを使うと，各ユーザーが用意したデータをデータベースに追加できますが，そのためには，データの記録に関する標準形式などが決めてありますから，それを守ることが必要です．ユーザー専用のデータベースをつくることもできます (128 ページ参照)．

くわしくは，付録 D を参照してください．

▶2.7 UEDA のデータ記録形式

① UEDA で使うデータの記録形式については，第 4 章で詳細を説明しますが，ここでは，あらましだけを示しておきます．

② UEDA で使用するデータは，次の 2 とおりの形式のいずれかで記録されています．

 a. VAR 形式 各変数ごとに，
  (V タイプ) いくつかの観察単位について求められた観察値を
      1 行に列記した形式 (図 2.7.1)
 b. SET 形式 複数の観察単位について求められた 1 セットの観察値を
  (S タイプ) 各観察単位ごとに 1 行，
      全体では複数行に記録した形式 (図 2.7.2)

2 つ以上の変数の情報を，それぞれ切り離して V タイプとして記録しておき，プ

図 2.7.1 V タイプのデータ例

```
data VAR＝5人の体重
data NOBS＝5
data 60, 85, 70, 80, 90
data VAR＝5人の身長
data 155, 165, 160, 170, 170
data END
```

1つの変数の観察値が，5人の観察対象について求められている．それらを1行に記録．以上が2組ある．

図 2.7.2 S タイプのデータ例

```
data SET＝4人の身長と体重
data NOBS＝4/NVAR＝2
data 155, 60
data 165, 85
data 160, 70
data 170, 90
data END
```

2つの変数の観察値が，4人の観察単位について求められている．それらを観察単位ごとに1行，全体で4行に記録．

ログラムでそのどれかを選択するようにすることができます．したがって，変数の取り上げ方を固定せず，プログラムの中で自由に選択したい…そういう場合にはVタイプを採用します．

　これに対して，Sタイプは，1セットの変数を一体の情報として扱う場合を想定した表現形式です．

③　Vタイプも，Sタイプも，観察値が数量データであると想定しています．

　これに対して，観察値の値域をいくつかの区分にわけて，各区分に属する観察単位数として表わす場合があります．

　この場合について，次の2とおりの形式があります．

　　c.　分布表形式　　　変数値の階級区分別度数を表示した形式(図2.7.3)
　　d.　TABLE形式　　 2つの変数値の組み合わせ区分に対応する観察単位数
　　　　(Tタイプ)　　　(度数)を表示した形式(図2.7.4)

図 2.7.3 分布表形式のデータ例

```
data VAR＝100人の体重の分布
data NOBS＝5
data CVTTBL＝/50/60/70/80/90/100/
data 5, 15, 30, 35, 15
data END
```

体重の情報を階級区分別度数分布の形に表わしたもの．

図 2.7.4 T タイプのデータ例

```
data TABLE＝100人の身長と体重
data NOBS＝3/NVAR＝4
data 100, 20, 30, 30, 20
data 30, 10, 10, 10, 0
data 40, 10, 10, 10, 10
data 30, 0, 10, 10, 10
data END
```

身長と体重の組み合わせ区分別人数をカウントしたもの．

④　分布表形式は，形式上Vタイプと同じですが，データの性格がちがいます．また，そのちがいから，値域区分を定義するCVTTBLをおいています．

⑤　Tタイプも，形式上Sタイプと似ていますが，データの性格がちがいます．

　データのタイプとしては，分布表タイプの方に近いものです．また，そのことか

ら，縦計，横計が記録されています．

⑥ **Tタイプによって表現される種々の場合**

Tタイプは，さらに細かくみると次のように何とおりかに区別されます．

    a. 2次元の分布表　$N(X, Y)$

        変数区分も観察単位区分も，数量データの階級区分であり，
        各セルにデータ数が記録されている場合

    b. 分布の比較表　$N(X|Y)$

        変数区分は数量データの階級区分，観察単位はそれを対比する区分であり，
        各セルにデータ数が記録されている場合

    c. 2つの変数区分に対応する第三の変数値比較表　$Z(X, Y)$

        変数区分も観察単位区分も，数量データの階級区分であり，
        各セルに第三の変数 Z の値，たとえば平均値が記録されている場合

⑦　また，X, Y が質的データの区分にあたる場合については，階級区分のかわりにカテゴリー区分をおけば，a あるいは b と同じ形式に表現されます．

⑧　したがって，データタイプ V, S, T は「表現の形式」であって，「表現されている内容のちがい」とは限らないことに注意しましょう．

◆ **注**　今後の改訂において，データの内容に関する次の区分を識別できる記録形式に改める予定です．

    個々の観察単位に対応するデータ
    複数の観察単位からなる集団区分に対応する集計データ
        分布表形式の場合
        平均値などの特性値の場合

3

UEDA のプログラム

　この章では，本シリーズの各テキストで取り上げる統計手法について，それぞれの機能を概説します．各テキストで説明する専門用語を使いますから，ここでは細部にこだわらず，どんなプログラムがあるかを把握することで十分です．各テキストをよんだ後，実際にプログラムを使う場合にここを参照してください．
　メニュー画面の区分に対応して節をわけて説明しています．

▶3.1　データの統計的表現（基本）

　① この節のプログラム（図3.1.1）については，主として本シリーズ第1巻『統計学の基礎』で説明しています．
　② **分　散**　　AOV01E は，分散の計算方法を説明するプログラムです．ひとつひとつの観察単位について残差を表示するようにした「計算フォーム」を使って計算を進める形にしています．また，残差プロットを図示するようにしています．
　AOV01A は，AOV01E と同じ形で，分散計算を実行するプログラムです．
　これらのプログラムでは，ひとつひとつの観察単位に対応する「個別データ」を使います．分布表の形になっているデータに対しては，次の AOV02E と AOV02A を使います．
　個別データでも，データ数が多い場合には，区切り値を指定する CVTTBL 文をデータセット中に挿入しておけば，AOV01A で分布表を求めた上で AOV02A に移って計算します．
　③ **AOV02E** は，AOV01 と同様に平均値と分散を計算する手順を説明するプログラムですが，データ数が多い場合を想定しています．したがって，ひとつひとつの観察単位に対応する個別データを，まず，分布表にまとめた上で計算する手順を採用し，このことに関連した計算上の注意点を説明しています．

3.1 データの統計的表現（基本）　　　　27

残差プロットの形式も，データ数が多い場合を想定していることから，分布図を参照する形にかえています．
　AOV02A は，AOV02E と同じ形で，分散計算を実行するプログラムです．
　④ **四分位偏差値**　　データの分布形の特性を要約するためには，平均値と標準偏差を使う方法だけでなく，中位値と四分位偏差値を使う方法があります．
　Q1Q2Q3 は，中位値および四分位偏差値について，定義と計算方法を説明するプログラムです．基礎データが「個別データ」の場合です．
　Q1Q2Q3X は，Q1Q2Q3 と同じですが，基礎データが分布表形式になっている場合のためのものです．
　中位値および四分位値を使ってデータを表わし，比較する手順については，別のプログラムがあります．

図 3.1.1　データの統計的表現（基本）

1	AOV01E	分散の意味と計算方法
2	AOV01A	分散の計算
3	AOV02E	分散の意味と計算方法 ―― データ数が多い場合
4	AOV02A	分散の計算 ―― データ数が多い場合
5	Q1Q2Q3	四分位偏差値の定義と計算
6	Q1Q2Q3X	四分位偏差値の定義と計算 ―― データ数が多い場合
7	BUNPU0	分布の表わし方
8	XACOMP	平均値の比較 ―― 標準化

　⑤ **分　布**　　**BUNPU0** は，「個別データを分布表にまとめる手順」を説明するプログラムです．分布表をまとめるために「値域の区切り方」を指定しますが，その手順は，共通ルーティン KUGIRI を引用します．
　分布形の表現形式としては，一般に使われる形式の分布図の他に，幹葉表示の形式を指定することもできます．
　また，正の字を使ってカウントする手順を適用することもできます．
　⑥ **平均値比較**　　**XACOMP** は，平均値を比べる場面で，別の要因が影響しているとみられる場合に，その影響を補正した平均値を求める「標準化」の手順を説明するプログラムです．
　利用できるデータの有無によって直接法，間接法のいずれかを指定しますが，このプログラムでは，両者を対比しつつ説明しています．
　実際の問題に適用する場合には，他のプログラムとちがう形式でデータを用意することになるため，このプログラムのガイドにしたがって，必要なデータを入力します．
　⑦　この節のプログラムは，いずれも，3.2 節以降のプログラムと関係をもっていますから，それらの前に，まずこれらを使ってみてください．

▶ 3.2 データの統計的表現（分布）

① この節のプログラム（図 3.2.1）も，主として『統計学の基礎』で説明しています．3.1 節のプログラム中 BUNPU0 の機能を発展させるものになっています．

②**ボックスプロット**　BOXPLOTH は，ボックスプロットの定義を説明するプログラムです．

中位値，四分位値，最大値・最小値を使って「分布の様子を把握する」5 数要約図に，「アウトライヤーを検出する手順」をつけ加えたものがボックスプロットであることを説明しています．

BOXPLOT1 は，ボックスプロットの意義を説明するプログラムです．
「情報表現手段」という観点で位置づけて，平均値による表現，平均値と標準偏差による表現，中位値と四分位値による表現，ボックスプロットによる表現の順に，表現力が大きいことを説明しています．

BOXPLOT2 は，ボックスプロットの適用例を示すプログラムです．
「情報分析手段」という観点で位置づけうることを，賃金の年齢区分別比較の問題を例にとって説明しています．

このプログラムの最初に「選択機能を使う」と指定すると，BOXPLOT1 では省略した表現法の説明をみることができます．

③ これらは，説明用ですから，実際の問題に適用するには，BOXPLOT3 を使います．

④ **分布とその特性値**　XPLOT1 は，「分布図」，「平均値と標準偏差による 2 数要約図」，「中位値と四分位値などによる 5 数要約図」あるいは「ボックスプロット」などをかくプログラムです．

このプログラムでは，ひとつひとつの観察値を使いますから，分布を表わすための区切り方を指定する手順 KUGIRI を引用します．

XPLOT2 は，基礎データが分布表の形になっている場合について，XPLOT1 と同じ処理を行なうプログラムです．ただし，基礎データが分布表の場合，最大値・最小値が使えませんから，それらのかわりに，第 1 十分位値，第 9 十分位値を使う形になります．

XAPLOT は，対象データをいくつかの部分集団にわけて，各部分集団の情報を比較するプログラムですが，このプログラムでは，分布形の特性値に注目して比較する場合を扱います．

このプログラムでは分布を表わすための区切り方を指定する手順（KUGIRI による）と，対比する部分集団の区切り方を指定する共通ルーティン CDCONV を引用します．

④ **分布形の表現法**　BUNPU1 は，観察値の分布図とその形の特性を表現する

3.2 データの統計的表現(分布)

図 3.2.1 データの統計的表現

1	BOXPLOTH	ボックスプロットの定義
2	BOXPLOT1	情報表現手段としての意義
3	BOXPLOT2	例示
4	BOXPLOT3	問題処理用
5	XPLOT1	分布による表現　母数による表現—1
6	XPLOT2	分布による表現　母数による表現—2
7	XAPLOT	分布特性を表わす母数による比較
8	BUNPU1	分布の表現法—1
9	BUNPU2	分布の表現法—2
10	BUNPU4	正規分布との適合度をみるための表現
11	LAURENTZ	ローレンツカーブに関するトピックス
12	PROBIT	正規確率紙のプリント

種々の方法について，それぞれの定義を対比しつつ説明します．

分布形の表現法としては，通常の分布密度図のほかに，累積分布図，ローレンツカーブおよび正規プロット(Q-Qプロット，P-Pプロット)をかくことができます．

ローレンツカーブを取り上げたのは，分布形のモデルとして一様分布を想定できる場合の図示法として位置づけられるからです．

また，基礎データを標準化(平均0，標準偏差1に変換)，対数変換あるいはベキ変換するよう指定できます．

BUNPU1では，ひとつひとつの観察単位に対応する観察値(個別データ)を使う場合を想定していますから，まず共通ルーティン KUGIRI を引用して区切り方を指定して分布形におきかえた後，上記の処理が行なわれます．

BUNPU2 は，基礎データが分布表形式で与えられている場合に BUNPU1 と同様の処理を行なうものです．

⑤ 分布を扱う一連のプログラム(XPLOT2, BUNPU1, BUNPU2)は，別々のプログラムとして扱う形にしてありますが，正確にいえば，1つの大きいプログラム **BUNPUHYO**(メニュー画面には表示されませんが)を，学習の順序を考えて3つにわけて引用しているのです．したがって，画面の展開や処理の進め方は共通しています．

⑥ **BUNPU4** は，分布形について，正規分布を想定しうるか否かをチェックするための種々の図示法を説明するプログラムです．通常の分布密度図での比較，累積分布図での比較，Q-Qプロット(正規確率紙によるプロット)での比較，P-Pプロットでの比較を取り上げています．

正規分布が適合するか否かは χ^2 値によって検定できますが，「値域によって適合度が一様とは期待できない場面」での適用を考えて，いくつかの「図による判定法」を収録してあるのです．

⑦ **LAURENTZ** は，ローレンツカーブをかくプログラムです．BUNPU でもローレンツカーブをかけますが，いろいろと問題点がかくれています．このプログラ

ムでは,「一様」という言葉の解釈に関連して,観察単位のサイズをどういう形で考慮に入れるかについていくつかの方法を取り上げます.

⑧ **確率紙**は,正規確率紙をプリントするものです.BUNPU4 でこの方眼紙を使いますが,このプログラムでプリントした用紙に手書きしてみる … そういう場合に使ってください.

▷ 3.3 分散分析と仮説検定

① この節のプログラム(図 3.3.1)については,主として『統計学の基礎』で説明していますが,AOV の部分は,第 2 巻『統計学の論理』や第 3 巻『統計学の数理』でも使います.

② **分散分析** **AOV03E** は,級内分散の定義と計算方法を説明するプログラムですが,その計算だけでなく,「観察単位を区分けし,各区分での平均値を説明基準とする」ことの効果を判断する手順(分散分析)と位置づけて説明する形になっています.

AOV03A は,AOV03E と実質的には同じ処理をするプログラムですが,説明を省いて,処理の流れと出力をみせる形にしています.

AOV04 は,分散分析を実行するためのプログラムです.AOV03A とほぼ同様に進行しますが,

 a. 被説明変数,説明変数を指定する
 b. 説明変数による区分の仕方を指定する
 c. 級内分散を計算する
 d. 指定した区分けの有効性をみるための表(分散分析表や残差のリスト)
  などを求める

の 4 つのステップをきちんとわけて進められるように設計しています.また,説明変数を 2 つ採用した場合については,

  分析の流れを示すチャート

も出力されます.

AOV05 はこの手順中の d を
 d′. 想定される区分間の差について,誤差範囲をこえているか否かの判定,すなわち仮説検定を適用するための分散分析表を求める

形にかえたものです.

③ これらのプログラムでは,いずれも説明変数の区分の仕方を指定する手順を経由しますから,共通ルーティン CDCONV が引用されます.

④ **仮説検定** **TESTH1** は,平均値に関する仮説検定のためのプログラムです.対立仮説の設定の仕方に応じて,片側検定,両側検定を選択できます.

TESTH2 は,2 つの平均値の差に関する仮説検定のためのプログラムです.等分

散を仮定できる場合，仮定できない場合，それぞれについて片側検定／両側検定の別を選択できます．
　TESTH3 は 2 つ以上の平均値の差を扱う場合に使います．比較する平均値の数が多くなったことにともない，「平均値間の差の大小」→「級内分散の大小」とおきかえて扱うことになります．
　⑤　これらのプログラムでは，検定結果だけでなく，検定のために必要な手順（計算と論理）を理解しやすい順に進めるようにしています．また，くわしい説明を画面に表示させつつ進行します．
　また，説明用の例題をおきかえる形で，任意の問題について計算できるようにしてあります．

図 3.3.1　分散分析と仮説検定

1	AOV03E	級内分散の意味の説明
2	AOV03A	級内分散の計算
3	AOV04	分散分析
4	AOV05	仮説検定の適用
5	TESTH1	平均値に関する仮説の検定
6	TESTH2	平均値の差に関する仮説の検定
7	TESTH3	K 組の平均値の差に関する仮説の検定
8	TESTH5	1 要因の効果に関する仮説の検定
9	TESTH6	2 要因の効果に関する仮説の検定
10	TABLE	統計数値表

　⑥　**TESTH5** と **TESTH6** は，
　　　1 つの要因の区分数が 2 以上の場合について，
　　　各区分での平均値の差を検定する
場面を扱うという意味では TESTH3 と同様ですが，要因の区分けに関する「実験計画」に応じて「主効果」，「交互作用効果」などをわけて計測するという「分散分析」の視点をおりこんだ扱いになっています．
　したがって，
　　　2 つの要因の組み合わせ区分に対応する平均値の差
を検定するものです．
　各組み合わせに対応して複数の観察値が得られている場合を扱う形になっています．
　⑦　これらのプログラムについては，適用にあたって前提とされる条件や観察値の求め方に関して，種々の注意が必要ですから，それぞれ画面に展開される説明だけでなく，テキスト本体での説明を参照してください．
　◆注　テキストの説明に対応づけて学ぶためには，AOV03, AOV04, AOV05, TESTH5, TESTH6, TESTH1, TESTH2 の順に取り上げるとよいでしょう

⑧ **統計数値表** 　TABLEは，統計数値表にかわるプログラムで，
正規分布，t 分布，χ^2 分布，F 分布について，
X に対応する $P = Pr\,(x < X)$,
P に対応する $X : P = Pr\,(x < X)$

を求めることができます．他のプログラムから引用する形で使われていますが，このプログラムを単独で使うこともできます．

▷3.4　2変数の関係プロット

① 　この節のプログラム（図3.4.1）は，主として『統計学の数理』で使いますが，他の部分でも広く適用されるものです．

② 　プログラム **XYPLOT1** では，2つの変数 (X, Y) の関係を把握するために，
まず X, Y の関係を示すグラフをかいた後，
「データをよむための補助線」を書き込む

形に組み立ててあります．

補助線は，データの見方に応じて

　　集中楕円　　　　2変数 (X, Y) の存在範囲を楕円
　　傾向線　　　　　$X \rightarrow Y$ の対応関係を表わす傾向線（直線）
　　平均値トレース　傾向線の型を特定せず，X の値域区分ごとに求めた折れ線

などを選択できます．

また，これらの図によって，2つの変数 X, Y の関係について
　　関係の形や強さを概観すること，あるいは，
　　傾向から外れた観察値（アウトライヤー）の有無を検討すること

が必要ですから，そのための機能として
　　傾向線や集中範囲から離れた位置にあるデータ番号を調べる

ために次の表示法を適用できます．

　　方式1　　　　すべての観察値を×マークで示す
　　方式2　　　　データセットの中にあらかじめ用意しておいたマークで示す
　　方式3, 4　　 ひとつひとつの観察値の位置をみせながら進める
　　　　　　　　マークの種類はそれぞれ方式1，方式2と同じ
　　方式5　　　　画面上で指定した範囲の観察値について，データ番号を表示
　　方式6　　　　データ番号を指定して，その分の位置に番号を表示

③ 　**XYPLOT2** は，XYPLOT1とほぼ同じ機能をもつプログラムですが，データをよむための補助線として，

　　　　一般の回帰式のかわりに　　　　Tukey Line,
　　　　平均値トレースのかわりに　　　中位値，四分位値トレース

集中楕円のかわりに　　　　集中多角形
を指定できるようになっています．

いずれも，分布の形などに関する前提をおかずに，「データの傾向をありのまま浮かび上がらせる」という趣旨で左側の表示法に対する代案として提唱されている表示法です．

データ表示方式は，方式1と方式2に限定されます．

④ **XYZPLOT** は，基本的には XYPLOT と同じですが，
　　第三の変数 Z の区分ごとにマークわけする
ことによって，X, Y の関係に対する Z の影響を把握するために使うものです．

変数 Z による区分けの仕方は，共通ルーティン CDCONV によりますが，各区分を表示するためのマークを指定できます．

XYPLOT1 と同様の補助線を書き込めますが，Z の区分ごとにわけた図にするか，Z の区分の図を重ねた図にするかを選択できます．

図 3.4.1　2変数の関係プロット

1	XYPLOT1	2変数の関係プロットと補助線—1
2	XYPLOT2	2変数の関係プロットと補助線—2
3	XYZPLOT	2変数の関係プロット —— 第三の変数による区分
4	PXYPLOT	2変数の関係プロット —— 等高線原理による表現

⑤ **PXYPLOT** は，(X, Y) の分布表が与えられている場合について，分布のようを示すために，集中楕円あるいは等高線形式の集中範囲を示す図をかくプログラムです．

集中範囲は，観察値の 50％ を含む線と 90％ を含む線をかきますが，等高線形式の場合はそれ以外の線も指定できます．

◆ 注　このプログラムは，任意のデータを指定しうる形にはなっていませんが，改訂予定です．

▷3.5　回帰分析

① このプログラム (図 3.5.1) は，主として『統計学の論理』および『統計学の数理』で説明する主題に関するプログラムです．

扱うのは，回帰分析です．すなわち，
　　変数 Y の変化を別の変数 X によって説明するために，
　　$X \to Y$ の関係を表わす傾向線を求める
という問題ですが，以下のように学習の順序と実際問題への適用場面を考えて一連のプログラムを用意してあります．

大きくわければ REG00 から REG02 までが手法説明用，REG03 以下が問題処理用です．

② **回帰分析（手法説明用）**　プログラム **REG00** では，この回帰分析の基本的な考え方を説明します．

③ **REG01E** は，回帰分析の手順を説明するプログラムです．

計算手順は
1： 分布特性値の計算
2： 回帰係数の計算
3： 適合度の評価

の順に，各ステップの説明を表示しながら進行します．

また，観察値と傾向線との適合度をみるための図をプロットします．

REG01A は，説明を省いて，REG01E と同じ流れによって処理を進めるプログラムです．

④ **REG02E** では，説明変数を2つ以上使う場合について，回帰分析を実行するために必要な計算手順を説明します．説明変数が1つの場合と対比しやすい形で進行しますから，説明変数の数が増えたことによって生じるちがいを把握する … それを期待した展開になっていますが，次に進むことを考えて，傾向線の適合度をチェックするための図もプロットされます．

REG02A は，説明を省いて REG02E と同じ処理を進めるプログラムですが，傾向線の適合度を検討するための図は，種類が多くなっています．

⑤ **REGXX** は，回帰分析において必要となる「連立一次方程式の解法」について説明します．その説明において，回帰分析を適用するときに「変数の選び方」によっては計算誤差が大きくなることについて指摘しています．

図 3.5.1　回帰分析

1	REG00	回帰分析の概要
2	REG01E	回帰分析のための計算手順 ── 説明変数が1つの場合
3	REG01A	回帰分析のための計算 ── 説明変数が1つの場合
4	REG02E	回帰分析のための計算手順 ── 説明変数が2つの場合
5	REG02A	回帰分析のための計算 ── 説明変数が2つの場合
6	REG03	回帰分析の基本プログラム
7	REG04	説明変数の取り上げ方をかえた場合について一括計算
8	REG05	系列データを扱う場合
9	REG06	質的データを扱う場合（数量化III類）
10	REG07	加重回帰
11	REG08	回帰診断
12	REGXX	連立一次方程式の解法

⑥ **REG シリーズの処理手順**　図 3.5.1 に示すように，6 から 12 までは回帰分析を適用する場面で使うプログラムです．場合に応じて，いくつかのプログラムを使

3.5 回帰分析

いわけるようにしてありますが，正確にいうと，それらのベースをなすプログラムは **REG0AA**，**REG0BB** の2つであり，条件の与え方をかえて，いくとおりかの異なったプログラムとして使う形に設計してあります．

したがって，どれを使う場合にも，回帰分析における処理の進行と結果の表示は共通で，次のように整理してあることに注意してください．

a. 基本統計量の計算　　各変数の平均値標準偏差
　　　　　　　　　　　　変数組み合わせの相関係数
b. 回帰係数の計算　　　第一の説明変数だけを使った部分モデルの結果
　　　　　　　　　　　　2番目までの説明変数を使った部分モデルの結果
　　　　　　　　　　　　指定したすべての説明変数を使ったフルモデルの結果
c. 残差の計算　　　　　フルモデルについての残差
d. 結果を示すグラフ　　フルモデルについて，次の2系統3種のグラフ
　　　　　　　　　　　　平均値と標準偏差でスケールを定めた図
　　　　　　　　　　　　　B1：　残差 対 傾向値
　　　　　　　　　　　　　B2：　残差 対 データ番号
　　　　　　　　　　　　　B3：　説明変数 対 被説明変数および傾向線
　　　　　　　　　　　　スケールを任意に指定できる図
　　　　　　　　　　　　　A：　B3と同じ

ただし，選択機能として，回帰式の係数を指定してc, dの処理を進めるように指定できるものもあります．たとえば他の方法あるいは他のデータで求めた傾向線を使って残差を求めるという場合です．

⑦　**回帰分析(問題処理用)**　　プログラム **REG03** には，回帰分析において「説明変数の選び方」を考えることが必要です．プログラムREG03では，こういう検討を進めるために使うことを想定した「変数指定」のステップが⑥に示した流れの最初に入ります．

データファイルにセットしてある説明変数の中から使うものを指定しますが，このプログラムでは，指定した説明変数の全部を使った場合だけでなく，1つを使った場合，2つを使った場合…など(部分モデルとよびます)についても計算し，各説明変数を加えることの効果を測るようにしてあります．したがって，取り入れる順を考えて指定します．

その後の進行と結果の表示は⑥に説明したとおりで，bまではすべての部分モデルについて計算し，c, dは，指定した説明変数すべてを使った場合について計算します．

⑧　REG04では，指定した説明変数について，モデルへ取り入れる順序(取り入れない場合も含めて)のあらゆる組み合わせに対して計算し，回帰係数と残差分散を出力します．すなわち，⑥で示したステップでいうとa, b, cです．d, すなわちグラフは，出力されません．したがって，説明変数の選び方を検討する段階で使ってく

ださい．

　種々のモデルについて一括計算できる反面，結果の表示については「残差プロットが表示されない」などの制約がありますから，モデルの選定段階では REG04 を使い，モデルの選択範囲をつめた後は REG03 という使いわけを想定しています．

　⑨　**REG05** は，平均値系列を使う場合を想定したプログラムです．

　基礎データが平均値ですから，平均値の計算に使われたデータ数を考慮に入れることが必要です．

　したがって，変数指定の後に，ウエイトを示す変数を指定するステップが入ります．

　当然，ウエイトづけをした場合と，しない場合とで結果がちがってきます．このプログラムではどちらの場合でも対応できます．

　こういうウエイトづけの機能を考慮に入れていないプログラムがあるようです．

　結果を図示するグラフの形式も，系列データを扱うことを考慮してかえてあります．

　⑩　説明変数が定性的なデータである場合，あるいは，数量的なデータでもそれを「階級区分コード」におきかえて扱う場合（数量化Ⅰ類とよばれることもある）に対応するプログラムが **REG06** です．

　説明変数が区分コードで与えられていれば他のプログラムを使うことができますが，このプログラムを使うと，説明変数を区分コードの形におきかえる手順を含めて，処理を進めることができます．

　⑪　**REG07** と **REG08** は，アドバンスレベルのプログラムです．説明文ファイルを用意してありませんから，『統計学の数理』の説明をよんだ上で使ってください．

　REG07 は，
　　影響分析，すなわち，アウトライヤーの疑いのある観察単位などの扱いを検討するための情報を与える機能
　　加重回帰，すなわち，アウトライヤーの影響を受けにくくすることを考えて，偏差の大小に対応するウエイトをつけて回帰式を定める方法
を扱うプログラムです．

　REG08 は，
　　回帰診断，すなわち，説明変数の加除による影響を検討するための指標
　　偏回帰プロット，すなわち，傾向線からの外れを「説明変数値のちがい」として説明される部分と，「被説明変数値のちがい」として説明される部分にわけて示すグラフ
を求めるプログラムです．

　　◆注　REG07 の加重回帰は，⑤で説明したウエイトづけとはちがいます．
　　すなわち，⑤の場合は観察単位がその定義上対等でないために必要なウエイトづけであり，REG07 では，観察値の偏差を考慮に入れるという意味でのウエイトづけです．

▷ 3.6 時系列データの分析

① **時系列データの図示**　**XTPLOT** は，時系列データを図示するプログラムです．ただし，時点以外の観察単位に対応するデータでも，順序をもつ系列データであれば，同様に扱えます．

基礎データをそのままプロットするだけでなく，その変化をみるための種々の指標（指数，変化率，弾力性など）を計算して図示できるようになっています．

図の形式として，縦軸に変数，横軸に系列番号をとる形式が標準ですが，2つの系列データを縦軸，横軸にとって図示する形式も指定できます．

系列データですから，いずれの場合も，点を線で結びます．

② **変化への寄与度分析**　**RATECOMP** は，「X の変化が Y の変化にどの程度影響をもたらしているか」を計測する問題を扱うプログラムです．$X \Rightarrow Y$ の関係によって計算方法が異なりますから，「モデルの型を示すキイワード」をあらかじめデータに付記してから使います．

このプログラムを使うには，基礎データのセッティングに特別の注意が必要ですから，例示を用意してあり，それを適宜変更して使う仕組みにしてあります．

③ **ロジスティックカーブ**　時間的推移に上限あるいは下限がありうる場合に適用される「ロジスティックカーブ」およびそれを一般化したモデルについて，その意味と求め方を説明するプログラムが **LOGIT_H** です．

また，これを実際の問題に適用するプログラムが **LOGISTIC** です．

下限が 0，上限が 1 という制約を外した場合（一般化ロジスティックカーブ）にも対応していますから，まず，この制約下で扱うか制約を外して扱うか，また，上限を 1 以下と想定するか 1 以上と想定するかも指定できます．前提をおかずに計算すると，そうしない場合よりも「よい傾向線」が計算されますが，わずかなちがいなら，ある前提をおいて計算することも考えられます．いくとおりかの計算を試みた上でどのモデルを採用するかを決める … そういう使い方ができるように設計されています．

図 3.6.1　時系列データの分析

1	XTPLOT	時系列データのグラフ表現
2	RATECOMP	変化に対する要因分析
3	LOGIT_H	ロジスティックカーブの説明
4	LOGISTIC	ロジスティックカーブのあてはめ

④ **変化の説明**　時系列データでは，まず，変化率や指数を計算して図示し，つづいて，他のデータとの関係を表わす弾力性係数や寄与率を計算するのが，有効な手法です．

XTPLOTやRATECOMPはこういう場面を想定したプログラムですが，そこで使われる弾力性係数や寄与率に関する定義や意味については，プログラム **GUIDE** を使って学習できます．

メニュー画面で「14　GUIDE」を指定すると次のサブメニューが表示されます（図3.6.2）．

図 3.6.2　GUIDE のサブメニュー

1	統計 1	変化の説明
2	統計 2	変化率の要因分析
3	統計 3	寄与率の分析
4	統計 0	統計的思考
5	追加	任意の説明文を用意して追加できる箇所

1，2，3のいずれかを指定すると，それぞれのテーマに関する一連の説明文のリストが表示されますから，それらを，順を追ってよんでください．

右は，3を指定した場合のリストです（図3.6.3）．

図 3.6.3　統計 3 の説明文リスト

1	弾力性係数
2	変化をみる方向（寄与率の例）
3	寄与率・寄与度（種々の例）
4	寄与率・寄与度の計算
5	要因分析

◆ 注　GUIDEは，UEDAと切り離して，コンピュータ画面に説明文を表示するツールとして使うことができます（付録A参照）．

▷ 3.7　構成比の比較

① この節のプログラムは本シリーズ第6巻『質的データの解析』で説明されるものです．構成比のグラフをかくことから入り，構成比を比較したり，有意な区分を識別し区分数を減らす形に要約する手法などを使って「構成比が示す差」を説明する手法として体系づけて進める形になっています．また，次節の「多次元データ解析」へのつながりを考慮に入れています．

② **構成比のグラフ**　　PGRAPH01 は，構成比のグラフとしてよく使われる帯グラフ，円グラフ，風配図を取り上げて，いくつかの集団区分について求められた構成比を比べて区分間の差異を見出すために，どのグラフが有効かを試すためのプログラムです．

例示用ファイルをセットしてありますから，それについて試してください．任意のデータを指定できますが，実際のグラフをかくには種々の計算が必要ですから，③以下に説明するプログラムによってください．

PQRPLOT　　三角グラフを使うと，3区分の場合の構成比を1つの点で表わすこ

3.7 構成比の比較

とができます．このプログラムは，この形式を使って，構成比を「点の位置のちがい」として比較するものです．

PGRAPH02 は，構成比のグラフをかくプログラムです．グラフの形式は，帯グラフまたは風配図です．多数の集団区分の情報を比べるためにグラフを並べて比較しますから，比較しやすさを考えてこれらのいずれかを採用するようにしています．

実際の問題を扱うときには，構成比そのもののグラフとともに，構成比のちがいをよみとるためのグラフも必要です．以下のプログラム CTA01A，CTA01B には，その機能を含んでいますから，それを使いましょう．

③ **構成比の比較**　　CTA01E は，構成比を比較するために「特化係数を計算し，そのパターンをグラフ化する」分析手順を説明するプログラムです．

CTA01A は，CTA01E で説明した手順を実際のデータに適用するときに使うプログラムです．このプログラムでは，構成比は帯グラフ，特化係数は ＋，－ のマークを使ったパターン図で表示されます．

CTA01B は，CTA01A と同じ処理をするプログラムですが，構成比あるいは特化係数のグラフとして風配図を使いたいときには，これを使ってください．

基礎データが MA の形で求められている場合，帯グラフではそのことを考慮に入れた図になりませんから，このプログラムで風配図をかくとよいでしょう．

このプログラムでは，1 枚の図におさめる集団区分を指定することができます．また，構成比の区分の表示順を変更することもできます．これらのオプションを活用して，よみやすいグラフにしましょう．

帯グラフをかく CTA01A にはこのオプションがありませんが，⑤ の CTA03 の方で対応できます．

④ **構成比の差を評価**　　CTA02E は，構成比のちがいを判定するために使う「情報量」について，その定義と計算手順を説明するプログラムです．セットしてある例題によって説明しますが，簡単な例を入力して計算することもできます．実際の分析

図 3.7.1　構成比の比較

1	PGRAPH01	構成比のグラフ表現
2	PGRAPH02	構成比のグラフをかく　帯グラフと風配図
3	PQRPLOT	3 区分の場合に対する三角グラフ
4	CTA01E	構成比比較のための特化係数　説明
5	CTA01A	構成比比較のための特化係数計算と図示—1
6	CTA01B	構成比比較のための特化係数計算と図示—2
7	CTA02E	構成比の差を比較するための情報量　説明
8	CTA02X	情報量の計算
9	CTA03E	構成比の比較 ―― 分析手段の構成　説明
10	CTA03	構成比の比較 ―― 区分集約ルールを探索する手順おりこみ
11	CTA03X	構成比の比較 ―― 区分集約ルールを指定して計算
12	CTA04	構成比に対する第三要因の効果補正 ―― 直接法
13	CTA05	構成比に対する第三要因の効果補正 ―― 間接法
14	CTAIPT	構成比分析用のデータ入力

場面では，次の⑤に示すプログラムの中で，構成比，特化係数，情報量の順に計算されます．

CTA02Xは，情報量の計算だけを「電卓形式」で行なうようにしたプログラムです．学習用ですが，簡単かつ小規模な問題なら，手軽に使えます．

⑤ **構成比の分析**　「構成比」を比較するための手順やオプションを組み込んだプログラムが**CTA03**ですが，種々のオプションを用意してありますから，まず，標準的な使い方をデモンストレーションするプログラム**CTA03E**を用意してあります．

これらのプログラムは

　　　　構成比の計算，特化係数の計算，これらの図示，情報量の計算

の順に進行しますが，選択機能として，

　　　　区分の並べ方を変更したり，区分を集約する

ことができるようになっています．これらの機能によって，

　　　　「基礎データのもつ情報を簡明な形に縮約していく」

のです．

⑥ **CTA03X**も，同じ分析を行なうものですが，区分数が多い場合に使うことを想定したものです．CTA03のように，処理の流れを1つのプログラムで進めるのでなく，区分のまとめ方を考えた後，

　　　　そのまとめ方を指定（キイ入力）して，

　　　　基礎データを組み替えて，構成比，特化係数，情報量の計算

を一括して行なう形にしています．

計算過程の表示を略して，結果だけを示します．したがって，たとえば特化係数をみて区分の仕方を決めるといった使い方はできません．

大規模な問題では画面に表示されたグラフの上でまとめ方を考えることは難しいので，たとえば

　　　　CTA01AやCTA01Bでグラフをプリントしたものをみて

　　　　まとめ方を定め，

　　　　CTA03Xでそのまとめた場合の計算やグラフをかく

といった使い方を想定してください．

また，2とおり以上のまとめ方を指定することもできますから，大規模な問題を扱う場合にいくつかの候補を比較検討するといった使い方もできます．

⑦ **混同要因の効果補正**　**CTA04**と**CTA05**は，A, Bの関係に第三の要因Cが関係しているときにその効果を補正した表をつくり，それについて，Aの構成比のBによるちがいを把握するためのプログラムです．

こういう場合，Cの効果を考慮せずにAとBの関係をみると誤読するおそれがありますから（シンプソンのパラドックスとよばれるもの），その効果を補正すべきです．

この補正法には種々の方法がありますが，Cとの関係を表わすクロス表を利用する

補正法のうち,「直接法」とよばれるものを適用するのがCTA04であり,「間接法」とよばれるものを適用するのがCTA05です.

利用できるデータの有無によって,これらのプログラムを使いわけるのです.

これらのプログラムで使うデータは,3つの要因の組み合わせ表ですが,組み合わせの仕方に関して

　　　CTA04ではA×B×Cの3重組み合わせ表,
　　　CTA05ではA×B, A×C, B×Cの3つの2重組み合わせ表

を使うことになります.

こういうデータをセットにして使いますから,データセットの与え方に注意することが必要です.4.6節に説明してありますが,データ入力用のプログラムCTAIPTを使えば自動的にその形式になります.

⑧ **データ入力**　　**CTAIPT**は,データを入力してCTAシリーズ用のファイル形式に記録するプログラムです.構成比を扱う問題分野では報告書に構成比の形の数値が掲載されており,人数の形の数値が使えない場合があります.

このプログラムでは,構成比とその分母の数値を入力して,各区分の人数を逆算する機能を用意してあります.

▶3.8　多次元データ解析

① この節のプログラム(図3.8.1)については,本シリーズ第8巻『主成分分析』と第7巻『クラスター分析』にわけて説明されています.ただし,クラスター分析については,3.7節のプログラムとそれを説明する第6巻『質的データの解析』も参照するとよいでしょう.

② **基礎データの情報要約**　　多次元データ解析を適用する前に,まず基礎データの特徴を把握しておくことが必要です.そのためにいくつかの補助プログラムを用意してあります.

基礎データ(数量データの場合)のあらゆる組み合わせについて,相関係数や相関図を求め,変数間の関係をみたり,外れ値を検討するために使うものが**RMAT01**です(質的データについては,後述するPCA02Cにこの機能を含めてあります).

RMAT01で求めた相関関係を図示するプログラムとして**CORRPLOT**を使うことができます.相関係数の大きい変数対を近くにおき,相関係数の小さい変数対を遠くにおくことによって,変数をタイプわけする … こういう使い方を想定しています.

変数区分や観察単位の順を入れかえて,それらの間に1次元的な対応関係が見出されるか否かをチェックするプログラムが**RANKCHK**です.

③ **複数の指標値の総合**　　複数の指標値を総合することが主成分分析の典型的な適用分野だとされていますが,総合評価値を求めるという観点では,主成分分析が唯一の方法だというわけではありません.

プログラム **W_MEAN** は，それを「加重平均を求める問題」と了解し，ウエイトとして，いくとおりかのケースを指定しうるようにしたプログラムです．

TABLE2 は，2つの指標の総合評点を主成分分析によって求める場合について，加重平均のためのウエイトをよむための「計算図表」を出力するプログラムです．

2指標の場合に限りますが，データの特性（分散や相関係数）と総合評点の関係を理解することができるでしょう．

④ **主成分分析** 「主成分分析」あるいは「質的データに対する数量化Ⅲ類」の方法を適用するためのプログラムが **PCA01** です．

入力データに関して

　　　数量データの場合は相関行列／共分散行列／偏相関行列

　　　質的データの場合は対象データの形式（D表，N表，C表）

に関する選択肢があります．

また，出力するスコアーに関して

　　　標準化するか否か／軸の回転を適用するか否か

などの選択肢があります．

これらについては，それぞれのテキストを参照してください．

⑤ **PCA01X** は，主成分分析の計算過程のうちスコアー計算の部分だけを行なうものです．一般にはPCA01によって行なうことですが，「あるデータについて因子負荷量を計算し，他のデータについてスコアーを計算する（追加処理とよばれている）」場面では，これを使います．

⑥ **PCA02C** は，質的データが「コード表」の形で用意されているとき，PCA01用の入力形式（ダミー変数を使って表わしたデータ行列形式）に変換するプログラムですが，カテゴリー区分間の相関行列を出力することもできます．主成分の計算は，このプログラムの出力に対してPCA01を適用します．

図3.8.1　多次元データ解析

1	W_MEAN	種々の原理による加重平均
2	TABLE2	2変数の主成分スコアー計算のためのウエイト
3	RMAT01	相関行列と相関図
4	CORRPLOT	相関関係の要約図
5	RANKCHK	変数相互の順位性チェック
6	PCA01	主成分分析
7	PCA02C	質的データを扱うための準備
8	PCA01X	追加データについての主成分計算
9	PCAMAP	主成分分析結果の図示
10	LABELING	主成分分析結果の解釈を助けるための表示
11	CLASSH	クラスター分析手順の説明 —— 非階層的手法
12	CLASSH2	同上 —— 質的データの場合
13	CLUSTH	クラスター分析手順の説明 —— 階層的手法
14	CLASS	クラスター分析 —— 非階層的手法
15	CLUST	クラスター分析 —— 階層的手法
16	DENDRO	デンドログラム

質的データを対象とする主成分分析は「数量化III類」とよばれています．この処理を，PCA02C と PCA01 で行なうのです．

⑦　**結果の解釈**　出力の解釈を考えたり，結果説明に使うプログラムも用意してあります．

PCAMAP は，主成分分析の結果を布置図の形に図示するプログラムです．

マークの種類をかえたり，指定した観察単位についてその名称を表示する機能や，観察単位を区分し，その存在範囲を楕円で示すなど，結果を説明するためのオプションを適用できます．

これらのオプションは，また，基礎データの中に他の部分と同一バッジとはみなしがたいグループが混在している場合それを検出するためにも有効です．

また，画面に2つの図を並べて表示し，比較することもできます．

⑧　**LABELING** は，結果の解釈を助けるためのツールです．一群のカテゴリー区分のラベルと負荷量を画面に表示し，それらを並べかえてみる，あるいは，負荷量の大きい部分をマークするなどの操作をしながら，解釈を考えていく … そういう使い方を想定しています．

⑨　⑦および⑧にあげたプログラムでは，主成分分析 PCA01 の出力を使いますが，その出力は，UEDA のデータ表現形式といくぶんちがいます．

いいかえると，主成分分析の出力を⑦，⑧以外のプログラムで使うときには，出力形式を変更する作業を経ることが必要です．

⑩　**クラスター分析**　プログラム **CLASSH** と **CLUSTH** は，クラスター分析において採用される「区分集約」の原理を説明するプログラムです．観察単位のあらゆる対についてそれらのちがいを表わす距離を計算し，距離の最も近い対を1つの区分に集約する，この集約過程をつづけていくことによって，区分数を減らす手法(階層的手法)を説明するのが CLUSTH であり，ある区切り方を想定し，「各観察単位の所属区分を変更することによる区分間分散の増加」を調べ，それが最も大きくなる変更を適用することによって，区分間分散を最大にする区切り方を求める手法(非階層的手法)を説明するのが CLASSH です．

⑪　実際の分析には **CLASS** または **CLUST** を使ってください．

基礎データが数量的な指標の場合，非階層的手法の代表的な手法である K_means 法では，観察単位間の距離をユークリッド距離で測り，区分間の距離をそれぞれの区分の平均値間のユークリッド距離で測ります．**CLASS** は，この方法を採用した階層的クラスター分析のプログラムです．最初の想定は，ランダムに決めるか，1, 2, 3, …, 1, 2, 3, … と機械的に決めるかを選択できます．

非階層的手法の代表的な WARD 法も，距離の測り方は同じです．**CLUST** は，この原理による非階層的手法のプログラムです．観察単位数が多い場合には，計算過程を短くする特別な選択肢がいくつか用意されています．

⑫　基礎データが質的なデータの場合については，距離の測り方として「情報量基

準」を採用して，同じプログラムを適用できるようにしてあります．

⑬　階層的手法では，区分数をいくつにするかを決める参考として，区分数と区分間分散の関係を示すデンドログラム（樹状図）をかきます．プログラム CLUST でこの図が出力されますが，この図をかく専用のプログラム **DENDRO** を用意してあります．これを使うと，デンドログラムにおける「区分の並べ方」や「区分数の範囲」を指定して，図を見やすく編集できます．

◆**注**　多次元データ解析については，「研究段階にあるとみるべき手法」がたくさんあります．そういう手法も含めた統計ソフトがありますが，ユーザーにとっては，そういうものが含まれていることは必ずしも好ましいこととはいえません．したがって，UEDA では，「一般に使えるもの」という観点を入れて，収録ソフトをしぼっています．

▷3.9　調査結果の集計

①　意識調査やアンケート調査などの小規模な調査（対象者が千人程度まで）の結果を集計するプログラムを用意してあります（図3.9.1）．調査事項は，回答区分に該当する人数（対象数）を求める形のものに限ります．

したがって，集計結果は『質的データの解析』で取り上げた形のデータになります．また，3.7節のCTAシリーズのプログラムを使って分析できる形式で出力されます．

図 3.9.1　調査結果の集計

1	CODEGEN	コード表作成
2	IPTGEN	データ入力
3	TABGEN	集計

◆**注**　プログラムとしては対象者数に関する制限はありませんが，大規模な調査の集計作業は，「専門の業者に委託する方がよいだろう」という趣旨です．

②　プログラム **CODEGEN** は，調査票で定義されている項目の回答肢や，質問を適用する場合／適用しない場合の区別などの情報を記した「コード表」を用意するものです．このコード表は，プログラム IPTGEN や TABGEN を使うときに参照されます．

調査票の記録を入力するプログラムが **IPTGEN** ですが，入力作業において，コード表を参照して入力エラーを検出できるようにしてあります．

入力結果を使用して種々の項目の関連を表わすクロス表を集計するプログラムが **TABGEN** です．2項目の組み合わせ表を集計できますが，たとえば，

　　　　すべての項目の回答頻度を集計せよ
　　　　あらゆる項目の二重クロス表を集計せよ
　　　　ある条件をみたすデータを取り上げてその範囲で集計せよ

といった包括的な指定をすれば自動的に集計が進行します．

◆**注**　「データを取り上げる範囲」の指定を考えれば，3項目の組み合わせ表なども集計できます．

3.10 地域メッシュ統計

③　これらのプログラムの使い方に関しては，このテキストの付録Hで説明することとします．

④　UEDAには，約600人の学生について「アルバイトに関する意識」を調査した結果（調査表，コード表，調査結果）を添付してあり，これを例にとって説明するようになっています．

▶3.10　地域メッシュ統計

①　これについては，本書のシリーズで取り上げていませんから，付録Fでくわしく説明しています．ここでは，「こんなデータであり，こんなことができる」という概略の説明にとどめておきます．

②　**地域メッシュ統計**　全国土を1km×1km（正確にいえば緯度45秒経度30秒）で区切った地域区分を地域メッシュとよび，この区分ごとに種々の統計データが集計されています．これを地域メッシュ統計とよびます．種々の統計データの地域分布をみるために有効なデータです．

たとえば図3.10.1に例示するように，人口密度の地域差をみるためにメッシュ統計を使うと，市町村別のデータを使った場合の問題点…地域区分の大小に差があることからくる「表現のゆがみ」を解消できます．

また，図3.10.3のように市町村界のデータではわからない「小地域での変化」を把握できます．

図3.10.1　人口密度

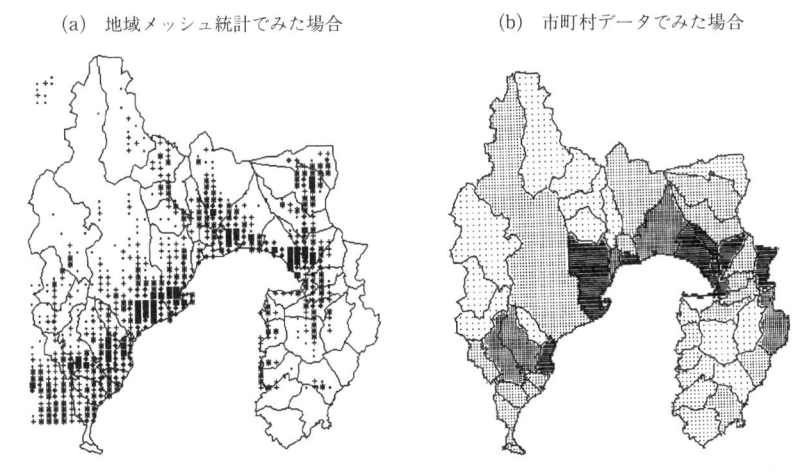

(a)　地域メッシュ統計でみた場合　　　(b)　市町村データでみた場合

サイズの大きい市町村では表現が粗くなるために，ゆがんだ表現になっているので，サイズのそろったデータを使う．

③ UEDAには，このデータを扱うために，一連のプログラムを用意してあります(図3.10.2)．

④ **データ入力** 地域メッシュ統計は磁気テープやマイクロフィッシュの形で入手できますが，量が多いので，対象地域を限定してその範囲の情報をコピーしてもらうのが一般的でしょう．**MESHIPT**は，こうする場合を想定して，データを入力して分析用ファイルを編成するプログラムです．

◆**注1** たとえば100 km×100 kmの地域範囲を対象とすると10000のデータを扱うことになります．UEDAのプログラムでは，この程度までのデータ量を想定しています．

UEDAには東京周辺，大阪周辺についていくつかのデータを記録したデータファイルを添付してありますが，これは，筆者がかかわった研究に際して，このプログラムで入力したものです．

◆**注2** 地域メッシュ統計は，総務庁統計局で編成されており，日本統計協会(TEL 03-5332-3151)から購入できます．くわしくは付録Fを参照してください．

⑤ **データ編成** 分析にあたっては，まず，対象地域のデータを地理的な位置関係に対応するように編成することが必要です．地域範囲を指定して，こういう編成を行なうプログラムが**MESHEDIT**です．基礎区分を2 km×2 kmあるいは4 km×4 kmに集約する機能や，複数の指標の情報をセットにする機能などをもっています．

図3.10.2 地域メッシュ統計

1	MESHIPT	地域メッシュ統計の入力(基礎データファイルの編成)
2	MESHEDIT	分析用データファイルの編成
3	MESHPRT	データのプリント
4	MESHCVT	変数変換
5	等高線	等高線形式で図示
6	MESHMAP	市町村の境界図と重ねて濃淡模様で図示
7	MCLUST	クラスター分析 地域的な連続性を考慮

⑥ **MESHCVT**は，MESHEDITに記録されたデータを使って，たとえば「人口密度」や「変化率」などの指標を，指定された算式にしたがって計算するプログラムです．

⑦ **データ表示** **MESHPRT**は，MESHEDITで編成した対象地域の情報をプリント出力するプログラムです．出力の行方向，列方向の送り幅を調整して，ほぼ地図上の形に対応するように出力されます．

MESHMAPも，MESHEDITで編成した対象地域の情報を出力するプログラムですが，情報を5段階に区切って，濃淡模様におきかえた形で出力します．また，市町村の区切り線を重ねて出力することもできます．図3.10.1(a)は，このプログラムによってかいたものです．

また，**等高線**を使って，図3.10.3のように出力することもできます．

3.10 地域メッシュ統計

図3.10.3 等高線の適用例

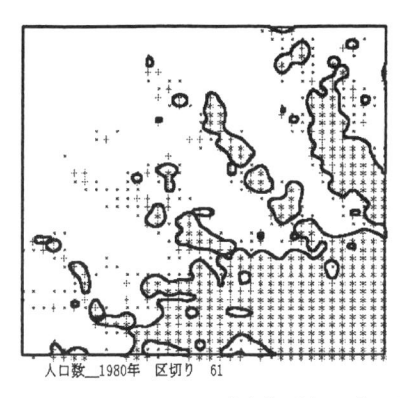

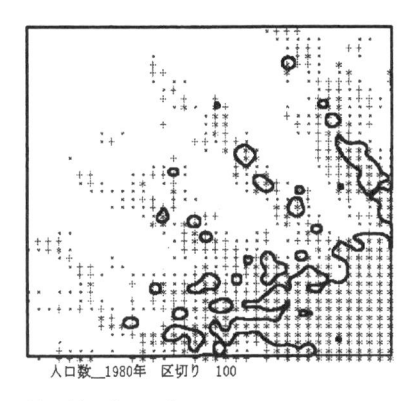

等高線の区切り値によって図をわけてあります．

図3.10.4 MCLUSTの適用例

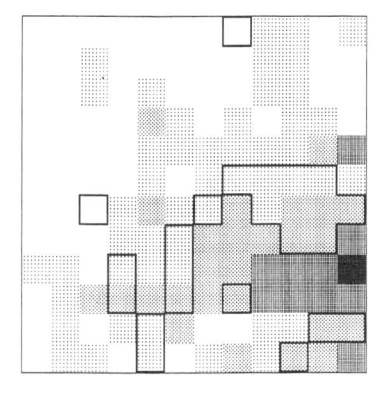

模様の濃淡が住宅数の大小に対応し，枠でかこった部分がその増加の著しい箇所を示す．

⑧ **クラスター分析**　MCLUSTは，地域メッシュ統計に対してクラスター分析(階層的手法)を適用するプログラムです．「いくつかの変数をセットにして，それらの値の類似度に注目して地域わりを見出していく」のがクラスター分析ですが，地域データを扱う場合，「区分集約にあたって地理的に接続している」という条件を考慮に入れるようにしたいので，地域メッシュ統計を使うものとして，このプログラムを用意してあります．

たとえば東京西部について，人口密度と人口増加率の情報を使って，「人口が急増したのはどういう地域か」をえがいた結果が，図3.10.4です．

これらについては，第7巻『クラスター分析』で小地域データの分析例として取り上げて説明してあります．

▷3.11 統計グラフをかくプログラム

① 統計グラフは，種々の分析用プログラムの出力形式のひとつとして採用しており，それぞれの分析場面に適した形で描画できるようにしてありますが，それらとは別に，グラフをかくところだけを取り出したプログラムも用意してあります．

これについては別のテキストを用意してありますが，このテキストの付録Cでも，概要を説明してあります．

② **統計グラフ**　GRAPH01は，点グラフ，線グラフ，棒グラフ，帯グラフをかくプログラムです．

いくつかの「基本的なキイワード」を定めてあり，それを使ってグラフの仕様を指定する文をかくと，このプログラムがそれに応じたグラフを出力します(図3.11.1)．

また，特別な仕様については，画面上のキイ操作で指定します．

仕様記述文の定義と与え方およびオプション指定のための画面操作については，例示しつつ説明するプログラム **GRAPH_H** を用意してあります．GRAPH_Hを呼び出し，一連の説明文を順次指定して説明をよんでください．

③ ここで述べたグラフの仕様記述文は，プログラムGRAPHの他，説明文を表示するプログラムGUIDEでも使えます．

説明文と一緒にグラフ仕様記述文を用意しておけば，グラフを使った説明文を画面に表示していくことができるのです．このことについては，付録Aまたは第4巻『統計グラフ』を参照してください．

④ **統計地図**　地域区分に対応するデータを「5段階の濃淡模様」で地図上に示すグラフを「統計地図」とよびます．これをかくプログラムがSTATMAPXとSTATMAPYです．

⑤ **STATMAPX** は，都道府県別の地図を使うものです．

図 3.11.1　統計グラフの仕様記述文と出力

```
GRAPH.ボウ=例1   DEFAULT RULEを適用した例
NOBS=5
NVAR=2
VAR(1)=/567/679/744/804/890/
VAR(2)=/141/196/242/282/370/
SCALE=/0/250/500/750/1000/
```

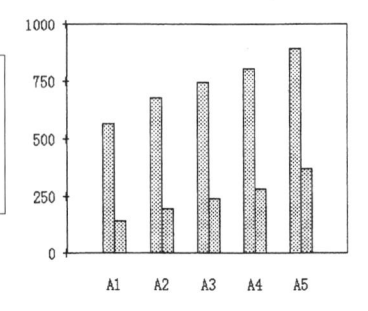

3.11 統計グラフをかくプログラム

図 3.11.2 統計グラフをかくプログラム

1	GRAPH01	統計グラフをかくプログラム
2	GRAPH_H	プログラム GRAPH の説明
3	立体棒	平面上に棒を並べた形式のグラフ
4	STATMAPX	統計地図 —— 県別比較表
5	STATMAPY	統計地図 —— 市町村別比較表
6	STATMAPD	統計地図をかくためのデータ入力

　地図の種類は，等軸法，等距法のいずれかを指定できます．また，緯度・経度で範囲を指定してその範囲を対象にすることもできます．
　これらを指定すると，1県ごとに境界線がえがかれ，区分コードの入力を待ちます．
　普通は 1〜5 のうちから指定します．
　0 を指定すると模様わけはなされません．模様わけしない場合も含めると 6 段階に区分されることになります．
　ALL0 と入力すると，すべての県について 0 が適用され，白地図になります．
　すべての県について指定が終わると，
　　　　枠を指定してその範囲外を消去する
　　　　凡例を指定箇所にかく
　　　　画面をコピーする
ことを指定できます．
　このプログラムでは，緯度と経度で指定した範囲を拡大した図をかくこともできます．いくつかの指定例も用意されています．
　⑥ **STATMAPY** は，市町村区別に，同様の統計地図をかくものですが，用意してあるのは，次の範囲です．
　　　　東京およびその周辺，　大阪およびその周辺，　静岡市周辺
　くわしくは付録 G を参照してください．
　この地図については，いくつかの市町村を結合した地域区分を単位とした地図にすることもできます．
　また，白地図に，市町村コードを書き込んだものを出力することもできます．
　⑦ **STATMAPD** は，統計地図に書き込むデータをあらかじめ用意しておくために使います．
　これによって用意しておけば，STATMAPX, STATMAPY におけるデータ指定は自動的に進行します．
　⑧ ￥MAPCONST￥*.* は，これらの地図をかくために使う境界線データです．
　これらは，国土地理院から刊行されている「数値地図 200000」の境界線定数を，あるルールでスムージングして，情報のサイズを減らしたものです．

4 UEDA用のデータ形式と管理

UEDAにおける「データ記録形式」について説明します．また，その使い方を指定するために使われるキイワードについて説明します．

▶4.1 UEDA用のデータ記録形式

① UEDAで使うデータについては，2.7節で説明したように
　　観察単位　　何について観察したか
　　変数　　　　何の観察値か，
　　　　　　　　観察値をどのように表現するか
の異なる種々の場合が区別されますが，記録形式としてはVAR形式（Vタイプ）とSET形式（Sタイプ）の2とおりに大別しています．

この章では，データ自体のちがいと記録形式との関係を説明します．

② ここでは，データ自体のちがいを明確にするために，次の記号を使います．
　　変数：X, Y など，　　　　　　観察単位：変数の添字 I,
　　観察単位区分：C, D など，　　区分番号：観察単位区分の添字 J,
　　観察値の平均値：$\bar{X}, \bar{Y}$ など，
　　観察値の分布：$N(X \in C_J)$,　　分布をみるための値域区分 C_J

◆注1　変数は，数量データの場合を想定して説明します．

◆注2　たとえば C_J は J 番目の区分，$X \in C_J$ は C_J に含まれるデータ X，よって $N(X \in C_J)$ は，そういうデータの数を表わします．

また，| の右辺は条件を表わします．したがって，$\bar{X}|C_J$ は C_J に含まれるデータ X について計算した平均値を表わします．

③ データの記録形式としてはVタイプ，SまたはTタイプ（TABLE形式）の2つを用意してありますが，記録形式の区別が記録内容の区別に対応しているとは限らず，たとえばVタイプで記録される場合についても，内容でいえば種々のケースが

ありうるのです．
　以下，節をわけて，この関係を説明しましょう．

▶4.2　Vタイプの記録形式

① 4.2節では，Vタイプで表わされる種々のケースを区別して説明しましょう．
② まず1つの変数 X の観察値の扱い方について，
　　a. 個々の観察単位の観察値 X_I を記録する場合
　　b. X_I を値域区分別観察値数 $N(X \in X_K)$，すなわち，分布で表現した場合
　　c. X_I を平均値 $\bar{X}$ によって表現した場合
を区別します．
　また，観察単位の扱い方に関して
　　d. いくつかの区分にわけて扱う場合
がありますから，その場合を区別しましょう．
　次に，
　　e. 1つの観察単位について2つ以上の変数が想定されている場合
を考えることが必要となりますが，ここでは，どの変数についても同じ扱い方をする場合に限ることにします．
　以上を前節②の記号を使うと，次のように表示できます．
　　a.　　$(X_1, X_2, X_3, \cdots)$
　　b.　　$N(X \in C_1)$,　　$N(X \in C_2)$,　　$N(X \in C_3), \cdots$
　　c., d.　$\bar{X}|C_1$,　　$\bar{X}|C_2$,　　$\bar{X}|C_3, \cdots$
　　c., e.　$\bar{X}, \bar{Y}, \bar{Z}, \cdots$
プログラムによって，どのタイプのデータを使うかが決められていますから区別しなければならないのですが，
　　　　　記録の形式としては，いずれも「一連の数値を列記した形式」
を採用できます．
　すなわち
　　　　　いくつかの観察単位あるいは観察単位区分について求められた，
　　　　　　1つの変数の複数の観察値を列記する，あるいは
　　　　　　複数の変数の平均値を列記する
形式です．
　これをVタイプとよびます．
③ 図4.2.1に例示するように，
　(1) データ本体をコンマ区切りで列記する
　(2) その前にいくつかのキイワードをおく
　(3) 最後にキイワード END をおく

という形式を採用します．

例示では，文番号とキイワード data をつけています．これらは省略可能ですが，データをみるために便利ですから，つけることを基本とします．つける場合，文番号は 20000 からはじめます．また，文番号とキイワード data の間に半角の空白1つをおきます．キイワード data は大文字でもかまいません．

data 以外のキイワードは，大文字（半角の大文字）にします．

図 4.2.1　データの与え方 V タイプ
$(X_1, X_2, X_3, \cdots)$ の例

```
20000 data    NOBS=6
20010 data    VAR=6人の血圧
20020 data    120, 124, 128, 135, 145, 155
20030 data    END
```

文の長さは 255 字まで認められます．ただし，データ本体を示す文についてはこの制限はありません．また，適宜区切っていくつかの文にわけることができますから，画面に表示したときの見やすさを考えて，たとえば 80 字以内に区切るようにします．

④　データ本体の前におくキイワードは，データのタイプによりちがいます．

V タイプの場合は，次の2種の文が必須です．

　　　VAR=データ名 … V タイプでは変数名
　　　NOBS=データ数 … V タイプでは観察単位数

どのキイワードについても，＝ の左辺にキイワードをおき，右辺にそれぞれのキイワードで指定する値（数値または文字列）を記述します．

データ名は，半角の英数字でも，全角の文字でもかまいません．

長さに関する制限は定めてありませんが，画面に表示する場合を考えて，長くても 10 字程度におさめましょう．

VAR 文，NOBS 文はどの順においてもかまいません．

⑤　ここで，次の図 4.2.2 (a) をみてください．

図 4.2.2 (a)　データの与え方 V タイプ
$(\bar{X}|C_1, \bar{X}|C_2, \bar{X}|C_3, \cdots)$ の例

```
20000 data    NOBS=6
20010 data    OBSID=/20台/30台/40台/50台/60台/70台/
20020 data    VAR=年齢区分別平均血圧
20030 data    120, 124, 128, 135, 145, 155
20040 data    END
```

図 4.2.1 と同じ形式ですが，記録されているデータは，ひとりひとりの観察値ではなく，何人かの観察値の平均値です．

4.2 Vタイプの記録形式

平均を求めるための区分が年齢区分であり，その各区分ごとに1つの平均値を6区分の値として列記されているのです．

この場合，「年齢区分」の定義を示すためにOBSID=…をおいています．これによって，個別データでなく，集団区分に対応する集計データであることがわかります．

また，この表のデータを使う場合に各区分の観察値数（各区分の平均値の分母）が必要となるかもしれません．そういう場合には，図4.2.2(b)のように表わすことができます．

図4.2.2(b)　データの与え方Vタイプ
図4.2.2(a)における対象者数

```
20000 data    NOBS=6
20010 data    OBSID=20台/30台/40台/50台/60台/70台/
20020 data    VAR=対象者数
20030 data    10, 20, 25, 30, 30, 20
20040 data    END
```

形式的には分布と同じですが，分布形をみるという意図ではなく，その値による区分を比較するために使うのです．このことからCVTT-BLではなく，各区分の見出しをOBSIDで定義しているのです．

⑥　1つのプログラムで2つ以上の変数を組み合わせて使うとか，一連の変数のうちから選んで計算をくりかえすという場合がありますから，

　　1つのデータファイルにVタイプのデータセットを複数列記することができます．図4.2.3がその例です．

図4.2.3　データの与え方Vタイプ
($\overline{X}|C_1, \overline{Y}|C_1, \cdots$)の例

```
20000 DATA    NOBS=6
20010 DATA    OBSID=/14/15/16/17/18/19/
20020 DATA    VAR=年齢別平均身長
20030 DATA    120, 124, 128, 135, 145, 155
20040 DATA    VAR=年齢別平均体重
20050 DATA    30, 34, 38, 42, 45, 47
20060 DATA    END
```

これは4.4節のSET形式で表わすこともできます．

この場合，キイワードENDは，最後のデータセットの後ろにおき，データセットとデータセットの間にはおきません．

この例では，観察単位数も観察単位区分も同じですから，2番目のデータセットでは，これらを記述するキイワードを省略しています．

このように，必要なキーワードを省略するとその前のデータセットについて定義した値が適用されます．

⑦ データファイルには，ファイルの内容を説明するコメント文(1字目に引用符「'」をおいて識別される文)をおくことができます(図4.2.4)．UEDAでは，この部分に，データの定義や出所などを記録し，データ検索プログラムなどでその部分を参照できるようにしてあります．

図4.2.4 データセットにおく「データの内容説明」の例

```
              賃金月額の分布(年齢・性別  製造業)
                      DE01
   変数    賃金月額階級別人数(分布)
          変数値の階級区分 24
          性別  3区分(計/男/女)
          年齢別 8区分(20-24/25-29/30-34/…/50-54/)
   対象    製造業  規模計
   年次    75年/85年/83年
                                   [労働省  賃金センサス]
```

▷ 4.3 Vタイプ —— 分布表の場合

① ひとつひとつの観察単位の値を記録するのが普通ですが，データ数が多い場合などには，分布表の形にして記録することがあります．

この場合には，指標値 X そのものでなく

　　　その値域区分の区切り値と

　　　各値域区分に含まれる観察単位数

を，次の図4.3.1のように記録します．

図4.3.1 データの与え方 Vタイプの例
　　　　　分布表 $N(X \in C_i)$ の場合

```
20000 DATA     NOBS=6
20010 DATA     CVTTBL=/80/100/120/140/160/180/200/
20020 DATA     VAR=血圧区分別人数
20030 DATA     20, 40, 70, 80, 60, 30
20040 DATA     END
```

このタイプの場合には，NOBS, VAR の他に，値域区分を定義する CVTTBL が必要です．

◆注 分布表を扱うプログラムで，「CVTTBLがない」場合その旨のメッセージを出すようになっています．その場合には，これを補ってください．データファイルの「内容説明」の部分に記録されているはずです．

4.3 Vタイプ——分布表の場合

② 例示における CVTTBL 文が，値域区分の区切り値を表わす文です．その右辺に，区切り値を「/区切り」で列記します．

例示でいうと，最初の数字 20 は区切り 80〜100 に対応し，次の数字 40 は区切り 100〜120 に対応することになります．

区切り値の最初は，最初の区分の下端であり，区切り値の最後が，最後の区分の上端です．したがって，区切り値が 7 つ，区分数が 6 となります．

NOBS すなわちデータ数は，区分数にあたる 6 です．観察単位の数は，この数ではないことに注意しましょう．表示されているデータが各区分の観察単位数ですから，その合計 300 が，観察単位数です．別の言い方をすれば，分布表の形のデータの場合，各区分ごとに 1 つの数値が対応するので，区分数を観察単位数とみなすのだということです．

③ CVTTBL 以外の部分は前節の場合と「同じ形式」ですから，V タイプとしていますが，データの意味がちがいますから注意してください．

④ このタイプについても，1 つのデータファイルに 2 つ以上のデータセットを列記できます．次は，その例です（図 4.3.2）．

図 4.3.2 データの与え方 V タイプの例
分布表 $N(X \in C_I)$ をいくつかの区分別にわけてみる場合

```
20000 DATA      NOBS=6
20010 DATA      CVTTBL=/80/100/120/140/160/180/200/
20020 DATA      VAR=血圧区分別人数…男
20030 DATA      20, 40, 70, 80, 60, 30
20040 DATA      VAR=血圧区分別人数…女
20050 DATA      25, 35, 70, 80, 70, 20
20060 DATA      END
```

この場合，分布をみるための値域の区切り方をそろえているなら，いいかえると，CVTTBL が同じなら，2 番目以降のデータセットでは省略できます．

◆注　この形式では，観察値の総数を与えていません．各区分に属する観察値の計として計算されるから「なくてもよい」のですが，「あれば便利だ」といえるでしょう．

計の数字をデータ中におきたいときには，4.5 節に述べる TABLE 形式を使うことができます．

⑤ CVTTBL では各値域の区切り値を列記しましたが，このタイプのデータでは
　　　各値域の観察値を代表する値，たとえば，値域の中央値
を使うことがあります．

これを与えるには，次のように，キイワード OBSID を使います（図 4.3.3）．

キイワード OBSID は，前節で例示したように，観察単位区分の見出しを与えるものですが，この例の場合は，「各区分を代表する値」を与えるために転用しているのです．

図 4.3.3　データの与え方 V タイプの例 … 分布表の場合

```
20000 DATA    NOBS=6
20010 DATA    OBSID=/90/110/130/150/170/190/
20020 DATA    VAR=血圧区分別人数
20030 DATA    20, 40, 70, 80, 60, 30
20040 DATA    END
```

▶4.4　Sタイプの記録形式

① この節では，S タイプの形式で表わされる種々の場合を区別しましょう．
② **個別データ X, Y, Z のリスト**　　S タイプの形式は
　　　複数の変数の観察値系列を 1 セットとして扱う場合
を想定したデータタイプですが，
　　　セットをなす観察値が同じ観察単位について観察されている
ものとします．したがって，例示のように，
　　　各観察単位に対応する複数の変数の観察値を 1 セットとして，
　　　観察単位ごとに記録し，
　　　各観察単位の情報を縦方向に並べたリスト形式
でデータを与えます (図 4.4.1)．
　変数が 1 つの場合は，各観察単位の観察値を横方向に並べた形式を採用しましたが (図 4.2.1)，変数の数が多くなったため
　　　$(X_1, Y_1, Z_1), (X_2, Y_2, Z_2), (X_3, Y_3, Z_3), \cdots$ とするかわりに
　　　(X_1, Y_1, Z_1)
　　　(X_2, Y_2, Z_2)　　と表現する
　　　(X_3, Y_3, Z_3)
　　　　　$\vdots$
のだと解釈しましょう．

図 4.4.1　データの与え方 S タイプの例 … (XYZ)

```
20000 DATA    SET=年齢　体重と血圧
20010 DATA    NOBS=5/NVAR=3
20020 DATA    40, 60, 125
20030 DATA    45, 55, 140
20040 DATA    50, 60, 136
20050 DATA    55, 65, 144
20060 DATA    60, 65, 138
20070 DATA    END
```

　このタイプでは

NOBS は観察単位数
NVAR は変数の数

です．これらのキイワードは，/で区切って1行にしてもかまいません．

③　この形式では，セットをなす変数の一部を選んで使うことを想定していません．そうすることが必要なら，図4.2.1の形式，すなわち「ひとつひとつの変数をVAR形式で表わし，それらを列記する形式」とします．

したがって，プログラムによって，どちらの形式を使うかが決められることになります．

◆注　UEDA には，記録形式を変換するプログラムを用意してあります．7.5節で説明します．また，SET 形式，VAR 形式の2とおりを用意してある場合もあります．その場合，データファイル名は DG01V のように後ろに V あるいは S をつけた形にしてあります．

④　**Zによる区分別集計値 $\bar{X}\ \bar{Y}|Z$**　基礎データが区分別平均値の場合についても，各区分を観察単位とみれば②の場合と同様に表わすことができます．

図4.4.1の各行は「異なる観察単位」に対応していましたが，図4.4.2(a)の例では，「1つの変数の階級区分」に対応しています．各区分の情報を比較するのだから，各階級区分が観察単位だと了解すればよいのです．

たとえば，年齢階級別に求めた平均体重と平均血圧値を示すデータは，図4.4.2(a)のように表わします．

図4.2.2(a)が1変数だったのでそれを1行に並べたのだが，図4.4.2(a)では2変数以上となったので，列をわけたのだと解釈できること，また，そうすることによって，各行が「同一の観察単位区分」について求められた1セットの情報であること，すなわち

各観察単位の $(X\ Y\ Z)$ を集計して

各区分ごとの $(\bar{X}\ \bar{Y}|Z)$ にまとめたもの

だと了解できます．

図4.4.2(a)　データの与え方Sタイプの例 … $\bar{X}\bar{Y}|Z$

```
20000 DATA    SET=年齢階級別体重と血圧
20010 DATA    NOBS=4/NVAR=2
20015 DATA    OBSID=/45-50/50-55/55-60/60-65/65-70/
20020 DATA    60, 125
20030 DATA    55, 140
20040 DATA    60, 136
20050 DATA    65, 144
20060 DATA    65, 138
20070 DATA    END
```

⑤　この例では，変数 Z は比較区分の基礎データとして使われています．その区切り方は，OBSID によって示されています．

⑥ また,変数が平均値ですから,その分母すなわち比較区分に属する観察単位数を使う場合がありえます.

その情報を示すには,次の図4.4.2(b)のようにします.

図 4.4.2(b) データの与え方Sタイプの例 … $N|Z$

```
20000 DATA      SET=年齢階級別体重と血圧
20010 DATA      NOBS=4/NVAR=2
20015 DATA      IDFLD=1
20020 DATA      OBSID=/45-50/50-55/55-60/60-65/65-70/
20030 DATA      10, 60, 125
20040 DATA      20, 55, 140
20050 DATA      25, 60, 136
20060 DATA      25, 65, 144
20070 DATA      20, 65, 138
20080 DATA      END
```

各比較区分に対応する変数の1つ(1番目の変数)として与える,ただし,他の変数と扱い方が異なるので,見出しと同様に扱えという趣旨のキイワードIDFLDを使って,その扱いをするのが1番目の変数だと指定しておくのです.

⑦ (X, Y) による区分別集計値 $\bar{Z}|XY$ 図4.4.3(a)は年齢と体重を組み合わせた区分ごとに求めた平均血圧値を示すものです.この例は

　　1種の変数値(身長と体重)が2系列の区分組み合わせ(年齢区分)

の各々に与えられている場合です.すなわち

　　X, Y の組み合わせ区分別に求めた

　　集計値 $\bar{Z}|X_I Y_J$ を配列したもの

です.

図 4.4.3(a) データの与え方Sタイプの例 … $\bar{Z}|X_I Y_J$

```
20000 DATA      SET=年齢および体重階級別平均血圧
20010 DATA      NOBS=4/NVAR=3
20020 DATA      OBSID=/45-50/50-55/55-60/60-65/
20030 DATA      VARID=/平均以下/平均並み/平均以上/
20040 DATA      120, 124, 138
20050 DATA      124, 128, 136
20060 DATA      128, 130, 138
20070 DATA      130, 135, 142
20080 DATA      134, 135, 138
20090 DATA      END
```

⑧ 図4.4.2(a)も図4.4.3(a)も3種の変数を取り上げていますが,それぞれの扱い方が

　　観察値の平均値を求める,

観察値の階級区分別に観察値数を求める，

という点でちがっています．

表の見出しに付記したように，条件を表わす記号「｜」を使って，

図 4.4.2 (a) は $XY|Z$

図 4.4.3 (a) は $Z|XY$

と表わすとはっきりするでしょう．

図 4.4.1 の場合は 3 変数とも階級区分別観察値数の扱いをしていませんから

図 4.4.1 は XYZ

です．

また，変数の扱い方に関して，平均値で表わしている場合と，階級単位区分扱いする場合とを区別したよりくわしい表現にすると，それぞれの表の見出しの後ろに示すようになります．

このように，表現形式は同じく S タイプでも，データの構造が異なりますから，はっきりと区別しましょう．

⑨ 図 4.4.3 (a) の場合については，2 つの変数の階級区分の配置をかえても意味としては同等ですが，縦方向に並べたものを観察単位(実質的には変数区分だが，形式に注目して)，横方向においたものを変数区分とよぶこととします．

⑩ 図 4.4.3 (a) は平均値を比べる表になっていますから，分母すなわち各区分に属する観察単位の情報を使う場合がありえます．その場合には，図 4.4.3 (b) のように表わします．

図 4.4.3 (b)　データの与え方 S タイプの例 … $N|X_I Y_J$

```
20000 DATA      SET＝年齢および体重階級別観察単位数
20010 DATA      NOBS＝4／NVAR＝3
20020 DATA      OBSID＝/45-50/50-55/55-60/60-65/
20030 DATA      VARID＝平均以下/平均並み/平均以上/
20040 DATA      120, 100, 80
20050 DATA      110, 100, 90
20060 DATA      100, 100, 100
20070 DATA      90, 100, 110
20080 DATA      80, 100, 120
20090 DATA      END
```

▶4.5　S タイプ —— 分布表の場合

① 変数 X の情報を分布表の形で表わすときには，4.3 節で説明したように V タイプとして記録し(たとえば図 4.3.1)，それを 2 つ以上の区分別に求めて比較するときには，それを列記しました(たとえば図 4.3.2)が，これを図 4.5.1 のように，

複数の区分について求めた分布表のデータを 1 つのセットとして表わす

こともできます．図 4.3.2 とのちがいはキイワードのおき方だけで，データ本体のおき方は同じです．

4.4 節の場合と同じ形式ですが，この節の場合は，各行が 1 つの変数 X の情報です．$N(X \in X_I)$ として複数の数値で表わされることから，それらを 1 セットとして表現している … このちがいに注意しましょう．

図 4.5.1 データの与え方 S タイプの例
$N(X \in X_I)|C_J$ の場合

```
20000 DATA    SET＝年齢区分別にみた血圧分布
20010 DATA    NOBS＝2/NVAR＝6
20020 DATA    20, 40, 60, 50, 20, 10
20030 DATA    30, 50, 60, 40, 20, 0
20040 DATA    END
```

② このタイプのデータの場合，構成比の形におきかえて比較するのが普通です．

そのための分母の数値を記録しておきたいときには，次の図 4.5.2 のように記録します．これを TABLE 形式（T タイプ）とよんでいます．

各行の 1 列目が分母の計数です．

図 4.5.2 データの与え方 T タイプの例 … 2 次元の分布表

```
20000 DATA    TABLE＝年齢区分別にみた血圧分布
20010 DATA    NOBS＝2/NVAR＝6
20020 DATA    400, 50, 90, 120, 90, 40, 10
20030 DATA    200, 20, 40, 60, 50, 20, 10
20040 DATA    200, 30, 50, 60, 40, 20, 0
20050 DATA    END
```

また，1 行目には，全体でみた場合の分布の情報をつけ加えています．

キイワード NOBS, NVAR は区分数ですから，計欄は含めません．

したがって，データ数は，区分数より 1 つ多くなっています．

③ このタイプのデータを扱うプログラムでは，行方向の計，列方向の計が与えられていない場合だけでなく，それらが記録されている場合にも計算するようになっています．したがって，計を記録した T タイプの形式にしておく必要はなく，S タイプでも T タイプでも受けつけるようになっています．

ただし，④ で説明する特別の場合があります．

◆ **注** 基礎データにおける端数処理の関係で，計の数字が「内訳の数字の計」と一致しない場合がありますが，プログラムでは「内訳の数字の計」を使います．

④ 以上の範囲でいうと，「S タイプで記録しても T タイプで記録してもよい」ことになりますが，調査データなどで，項目区分に該当する計数が MA（複数回答）の

形で求められている場合は,
　　　各項目区分の計数の計＝延べ回答数と
　　　その項目の調査対象者数とを区別すること
が必要です.
　したがって,同じくTタイプですが,次の例(図4.5.3)のように,
　　　計の部分に「対象者数」を記録する
ことにします.
　延べ回答数は記録されていませんが,それを使う分析では,プログラムの中で計算した「内訳の計」を使うようにしてあるのです.

図4.5.3　データの与え方Tタイプの例 … MAの場合

```
20000 DATA    TABLE=○○に関する意識区分(MA)
20010 DATA    NOBS=2/NVAR=5
20020 DATA    400, 65, 110, 140, 110, 65
20030 DATA    200, 25, 50, 70, 60, 40
20040 DATA    200, 40, 60, 70, 50, 25
20050 DATA    END
```

　MAの形のデータであることを示すキイワードは用意してありませんが,例示のように,「TABLE=」で示すデータ名の中で,MAという語を挿入してください.
◆**注1**　MAの場合そのことを考慮に入れた処理を行なうようにしたプログラムは,今のところ限られています.今後の改訂でそういう扱いをするプログラムを増やすことになった場合,MAをキイワード扱いと変更することが考えられます.
◆**注2**　分布表形式のデータは,はじめから「比率」の形になっている場合があります.
　その場合には,図4.5.1の横計を100とする百分比の形で記録し,横計に「分母の計数」をおく形にします.
　ただし,分析の手法によっては比率でなく実数を使う場合がありますから,横計の計数を使って「実数」に換算したものを記録した場合もあります.

▶4.6　3要因組み合わせ表

　①　3次元の表は,一連の2次元の表として用意します.ただし,それらを1セットのデータとして扱うことを指示するキイワードNGRPをつけます.
　ただし,ある構造をもった表を列記することになりますから,次の例のように,特別の記録形式を採用します(図4.6.1).
　②　この表では,計の数値も記録されています.したがって,Tタイプです.3次元であることを示すために,キイワードTABLEに「.ABC」をつけています.また,第三の区分の組数をキイワードNGRPで指定します.
　2次元の表を列記した形式ですから,その区切りを示すために例示のようにコメン

図 4.6.1　3次元の組み合わせ表の記録形式 (1) ─ TABLE 形式

```
20000 DATA    TABLE. ABC=○○に関する意識区分
20010 DATA    NOBS=2/NVAR=5/NGRP=2
20100 DATA    '+----SUBSET A×B----------+
20110 DATA    800, 110, 180, 220, 180, 110
20120 DATA    400, 40, 70, 110, 110, 70
20130 DATA    400, 70, 110, 110, 70, 40
20200 DATA    '+----SUBSET for  K=1------+
20210 DATA    400, 50, 90, 120, 90, 50
20220 DATA    200, 20, 40, 60, 50, 30
20230 DATA    200, 30, 50, 60, 40, 20
20300 DATA    '+----SUBSET for K=2----+
20310 DATA    400, 60, 90, 100, 90, 60
20320 DATA    200, 20, 30, 50, 60, 40
20330 DATA    200, 40, 60, 50, 30, 20
20990 DATA    END
```

3次元の表を入力データとして使うプログラムは限られています．また，分析結果を3次元の表として出力する場合もあり，プログラムによって扱い方が相違することから，標準形式は定めていません．

ト文（一種の注釈文，必須ではないが，わかりやすくするために使う）を挿入しておきます．

また，使うプログラムによっては，各区切りに対応する2次元の表として扱いたいことがあり，そういう扱いに応じて表現をかえるときの便利を考えた処置です．

③　図4.6.1に記録されているデータ数は(NVAR+1)(NOBS+1)(NGRP+1)=54ですが，計（総計だけでなく中間計がある）を除くとNVAR×NOVS×NGRP=20です．したがって，カサを減らすために，計の数字を省いて，次の図4.6.2のように表わすことが考えられます．これが，3次元の場合のSタイプの形式です．

一般には，この形式を採用しています．

図 4.6.2　3次元の組み合わせ表の記録形式 (2) ─ SET 形式

```
20000 DATA    SET. ABC=○○に関する意識区分
20010 DATA    NOBS=2/NVAR=5/NGRP=2
20020 DATA    '+----SUBSET for K=1------+
20030 DATA    20, 40, 60, 50, 30
20040 DATA    30, 50, 60, 40, 20
20050 DATA    '+----SUBSET for K=2------+
20060 DATA    20, 30, 50, 60, 40
20070 DATA    40, 60, 50, 30, 20
20080 DATA    END
```

④　3つの要因の関係を分析したいのだが，上例のように3次元の表が使えない場合には，

ABの組み合わせ表，ACの組み合わせ表，および，BCの組み合わせ表を
1つのセットにして使う

ことが考えられます．この場合には，次の例のように，3つの「2次元組み合わせ表」
を1セットとして記録します（図4.6.3）．

図4.6.3　3次元の組み合わせ表の記録形式(3)

```
20000 DATA    TABLE.(ABC)=○○に関する意識区分
20010 DATA    NVAR=2/NOBS=6/NGRP=2
20020 DATA    '+----SUBSET A×B------+
20030 DATA    800, 110, 180, 220, 180, 110
20040 DATA    400, 40, 70, 110, 110, 70
20050 DATA    400, 70, 110, 110, 70, 40
20060 DATA    '+----SUBSET A×C-----+
20070 DATA    800, 110, 180, 220, 180, 110
20080 DATA    400, 50, 90, 120, 90, 50
20090 DATA    400, 60, 90, 100, 90, 60
20100 DATA    '+----SUBSET B×C-----+
20110 DATA    800, 400, 400
20120 DATA    400, 200, 200
20130 DATA    400, 200, 200
20140 DATA    END
```

この場合は計の数字を含めて記録します．したがってTABLE形式ですが，図4.6.1と比べてわかるように，A×B×Cに対応する部分を含んでいません．その意味では不完全な3次元表ですが，「A×B×Cに対応する部分が使えない，あるいは使わない」ものとして3次元データの分析を行なう場合がありますから，この形式の表現を用意してあるのです．

こういう特別の形式であることを示すために(ABC)を添えて，TABLE.(ABC)とします．

⑤　これらのデータを使うプログラムはCTA04, CTA05, RATECOMPだけですから，くわしくは，それぞれのプログラムに用意してある「例示」を参照してください．

⑥　これらの形式は，プログラムCTAIPTを使って入力すれば，自動的に整えられます．

▶4.7　データの構成や使い方を記述するキイワード

①　これまでの各節で述べたデータ表現では，
　　　データのタイプを表わすキイワード　　　VAR, SET, TABLE
　　　サイズを表わすキイワード　　　　　　　NVAR, NOBS, NGRP
　　　データの区切りを表わすキイワード　　　CVTTBL

を使っていました．それぞれのタイプによってちがうにしても，必ずおかねばならないキイワードでした．

② この他に，必須ではないが，挿入しておくことによってある機能をもたらすことになるキイワードがいくつかあります．これらは，表4.7.1にまとめてあります．

③ 表4.7.1のうちタイプAのキイワードについては，分析用プログラムにおいて，データをセットするときに，それぞれの機能に応じた処理を実行します．

表4.7.1 データセットに付加するキイワード
(共通ルーティンで処理されるもの)

キイワード	種別	記述の仕方	機能
VAR	1A	VAR.x=aaaaaa	VARタイプのデータであることを示す．
SET	1A	SET.x=aaaaaa	SETタイプのデータであることを示す．
TABLE	1A	TABLE.x=aaaaaa	TABLEタイプのデータであることを示す．aaaaaaは変数名．xは変数の選択手順で参考情報として表示．
NVAR	1A	NBAR=nnn	変数の数．
NOBS	1A	NOBS=nnn	観察単位の数．
NGRP	1B	NGRP=nnn	観察単位区分の数．3次元組み合わせ表の場合．
IDFLD	2A	IDFLD=nn	データタイプがSET，TABLEの形で記録した変数のうち，特別の扱いをする変数の番号．たとえば各観察単位のID，平均値の分母など．
OBSID	2B	OBSID=/aa/aa/‥	データタイプがSまたはTの場合，観察単位名または区分名をつけるときに使う．
VARID	2B	VARID=/aa/aa/‥	データタイプがSまたはTの場合，変数名をつけるときに使う．
CVTTBL	1A	CVTTBL=/nn/nn/‥‥	変数の階級区分の区切り方を指定する．分布表形式のデータでは必須．
TYPE	2B	TYPE=aa	数量データと質的データを区別する必要があるとき．
DROP	2A	DROP=/nn/nn/‥‥	観察単位のうち分析に使用しないものを指定．
SF	2A	SF=nn	変数値に10^{nn}を乗じて使う．

*1 種別の1桁目…1：必要なときには必ずつけるべきもの．
　　　　　　　　 2：つけると効果をもつが，つけなくてもよいもの．
　　種別の2桁目…A：各プログラムでデータをセットするときに処理．
　　　　　　　　 B：各プログラムで用意した処理用のプログラムで処理．
*2 キイワードは大文字，キイワードや＝の前後に空白をおいてもよい．
　　記述の仕方の欄におけるnnは数値，aaは文字(全角文字も可)で指定．aaaaaaも同じだが，長くしてもよいもの．VAR.X，OBS.XのXはオプション．
*3 この他に，プログラムVARCONV用およびFILEEDIT用のキイワードがある．

この処理は，共通ルーティンを引用して実行されますから，特別のプログラムは不要です．そういう意味で「広い範囲で使われる基本的な機能」を指定するものです．

タイプBのキイワードは，そのキイワードの機能を利用するプログラムにおいてのみ有効です．それ以外のプログラムでは無視されます．

④　特別のプログラムを使って，データの形式を変更したり，変数変換したりする場合に使うキイワードは，これ以外にあります．

これらについては，そのために使うプログラム (VARCONV および FILEEDIT) のところで説明しますが，かなりの部分は共通の形式になっています．

たとえば DROP については，「変数を除く」ように指定できますから，DROP.OBS または DROP.VAR と区別することになっています．「.」以下を省略すると DROP.OBS とみなします．

⑤　①にあげたキイワードは，データベースのデータにつけられています．

それ以外のキイワードは，データの扱い方を考えて，必要に応じて付加するものですから，つけてある場合もあれば，つけていない場合もあります．使うときに確認してください．

これらのキイワードをつけ加えるためには，プログラム DATAEDIT を使います．

⑥　なお，各データの属性を示すためにはキイワードだけでは不十分です．4.2 節で述べたように，コメント欄に記述しましょう．

5

プログラムの使い方 (1)
—— 共通ルーティン

この章と以下の2つの章で，プログラムの使い方を説明しますが，多くのプログラムに共通する処理については，それを各プログラムから切り離して別のサブプログラムが受けもつようにしてあります．したがって，その部分に関しては，共通の手順で使えることになります．

この章では，まず，こういう共通処理を受けもつルーティンについて，機能と操作手順を説明します．

▶5.1 説明文の表示

① HELPPGM は，説明文を表示するために共通に使われるサブプログラムです．

このプログラムでは，説明文を一定のテンポで1文字ずつ表示しますが，その区切りでは，緑または赤のカーソル (/ のマーク) を表示して，しばらく静止状態になります．カーソルの色が緑のときには，Enter キイをおすと進行し，赤のときには，しばらく静止した後自動進行します (図 5.1.1)．

キイ操作は，基本的には，これだけです．

図 5.1.1 説明文表示中の PAUSE における入力

```
例1  HELPPGM は，説明文を表示するためのプログラムです    /

    / が赤の点滅のときは自動進行．
    / が緑の点滅のときは Enter キイを入力すると進行．
```

② 進行速度は，インストールの段階で調整しておいた速度が標準ですが，それぞれのプログラムごとにかえている箇所もあります．

また，次のキイでも，調整できます．
　　＋キイ　　進行速度を早くする
　　－キイ　　進行速度を遅くする
　　＊キイ　　1文字ずつ表示する標準モードと，
　　　　　　　1行の情報を一括表示する特別モードを切り替える
◆注1　進行が静止したとき TO と入力すると，PAGE という表示が現われます．そこで，ジャンプ先のページ番号を入力すると，そのページに移ります．
◆注2　HELP で表示させる文を用意するときに使うキイワードについては，付録 B で説明しています．また，プログラム GUIDE を使って画面に表示できます．

▶5.2　キイボードから入力

①　キイボードを使って入力する場面にはさまざまな場合がありますから，入力の内容などによって，いくつかのサブプログラムが使われます．5.1 節の場合は Enter キイだけでしたが，プログラムにおける処理手順を条件に応じて進行させるためには文字などを入力することになります．
　入力の仕方は，5.2～5.4 節で説明する 3 とおりの方法があり，場合によって使いわけます．どの入力方式かは，以下に説明しますが，画面表示をみればわかります．
②　**IPTRTN**　　UEDA のプログラムでは，
　　　　緑の / を点滅して入力を求める形
を採用していますが，この形式で入力を受けつける処理を行なうのが，サブプログラム IPTRTN です．
　これは，
　　　　「画面の進行を制御するスイッチ」の機能をもつ
場合だと了解すればよいでしょう．したがって，このサブプログラムによる入力方式(以下では入力方式 1 とよぶ)では，主として 1 文字(文字列にしても短いもの)の入力用を想定しています(図 5.2.1)．

図 5.2.1　入力方式 1

```
例2　確認してください…Y/N　　/

　　　/は緑の点滅です．Y, N のどちらかを入力．
　　　例1とのちがいは，画面表示の文で判断すること．

例3　画面表示…G　プリンター出力…P　　/

　　　G, P のいずれかを入力．
```

③ 何を入力するかは，画面の表示をみてください．短い表示ですが，画面の進行を理解していれば自然に応答できるはずです．

入力を省略したときの扱い（DEFAULT ルール）を決めてある場合もありますが，慣れるまでは，それを期待せず，画面で要求されている範囲の文字を入力してください．

④ 入力方式1で入力できる文字は，英数字などの半角文字だけです．英字の大文字，小文字は特に指定された場合以外は区別しませんが，大文字で入力するようにしてください．

英数字以外で使うキイは，
　　　入力終わりを示す Enter キイと，入力ミスした文字を消去する BS キイ
だけです．

◆注　この入力方式1では，入力した文字が画面に表示されますが，小文字は大文字におきかえて表示されるはずです．

⑤ 入力誤りのチェックや再入力機能を用意してある場合もありますが，すべてではありませんから，誤りを避けるために，
　　　入力したら Enter キイをおす前に確認する
ように注意してください．

▷ 5.3 文字列の入力

① **LEDIT**　LEDIT は長い文字列を入力する場合を想定した次の入力方式2を適用するサブプログラムです（図 5.3.1）．
② この入力方式2では，入力位置（を示すボックス内）に，
　　　緑または赤のアンダーライン＿のカーソル
が現われます．

図 5.3.1　入力方式2

例4　各区分のまとめ方を指定してください	
234567 [＿　　]	参考に表示される情報と入力ボックスが現われる．入力ボックス内にはカーソル＿が表示される．
234567 [1234＿]	入力していくと＿の位置が移動．
234567 [12̲34]	矢印のキイで＿を移動できる．既入力の文字がある箇所ではそれがカラー表示．
234567 [12X̲34]	挿入モード（緑）では既入力の文字がシフトされる．重ね書きモード（赤）では書き換えられる． Ins キイでモードを切り替えられる． 入力終わりは Esc キイ．

文字列を入力していくと，カーソルは自動的に右に移っていきますが，→, ← のキイでカーソルを動かすことができます．その場合，既入力の文字がある箇所ではその文字がカラー表示になります．

③　入力した文字を元の文字におきかえる「重ね書きモード」と元の文字列を後にずらして挿入する「挿入モード」がありますが，Ins キイをおすと，切り替えられます．

これらのモードは，色で識別できます．

　　　　挿入モードは緑，

　　　　重ね書きモードは赤

です．

Del キイでは，その位置の文字が消去されます．消去された箇所はつめられますから，空白を挿入するには，スペースキイを使います．

④　入力の終わりは，Esc キイです．

⑤　入力方式 2 では，日本語（全角文字）も入力できます．入力方式は Windows システムに組み込まれた日本語入力方式によります．

◆**注1**　入力位置を示すボックスを表示しない場合もあります．

　入力方式 2 であることは，カーソルの形がアンダーラインであることから判断してください．

◆**注2**　漢字を入力する場合，入力した「よみ」に対応する漢字がボックス外に一時的に表示されることがありますが，Enter キイで確定すると，ボックス内のカーソルの位置に入ります．

⑥　表 5.3.2 は 2 つの入力方式を対比したものです．

表 5.3.2　2 つの入力方式

入力方式 1	入力方式 2
主として「処理の流れを制御する」ための入力，たとえば IPTRTN で採用	主として「処理の対象とされる情報」を入力，たとえば DATAEDIT で採用
短い文字列の入力用 緑の / が点滅している場合 　…英数字を入力 入力位置は特定 入力文字訂正は BS キイ 入力終わりは Enter キイ	長い文字列の入力用 緑または赤で _ が表示されている場合 　…英数字を入力（全角文字も可） 入力位置指定に矢印キイの使用可能 Ins キイで重ね書きモードを切り替え 　…カラーで識別される 入力終わりは Esc キイ

⑦　キイボードからの入力に関しては，入力方式 2 と同じ場面で使われる次の入力方式 3 を使うこともあります．

INPUTBOX　　これは Windows スタイルの入力方式として，FBASIC の方で用

図 5.3.3　入力方式 3

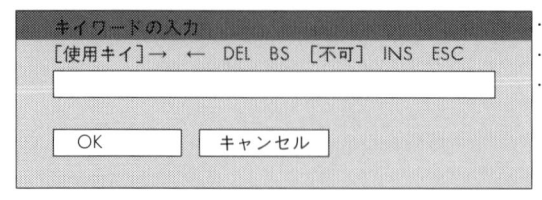

```
キイワードの入力
[使用キイ]→　←　DEL　BS　[不可]　INS　ESC
┌─────────────────────────────┐
│                             │
└─────────────────────────────┘

   [ OK ]      [ キャンセル ]
```
……入力する文の種類
……入力における注意書き
……入力箇所
　　　文が表示されているときは
　　　それを書き換える
　　　入力終わりは Enter キイ
　　　注：Esc キイを使わないこと

意されているものです．次のような入力画面が現われますから，他の入力方式とはっきり区別できます (図 5.3.3)．

ただし，使用キイのわりあてが UEDA の他のルーティンと異なることから，使う場面を限っています．

◆**注**　入力ボックスの幅は，入力できる文字数に応じて決めてありますが，それをこえても (255 字まで) 入力できる場合もあります．その場合は，ボックス内の情報が左右にスクロールします．

▷5.4　表形式などに一連のデータを入力する場合

① データを入力する場合には，DATAIPT や CTAIPT などのプログラムを使います．

これらの機能については，後で説明するものとし，ここでは，これらのプログラムにおける入力方法 (どのプログラムでも共通) を説明しておきます (表 5.4.1)．

② ひとつひとつのセルでの入力は，入力方式 1 によります．

各セルでの入力を終わって Enter キイをおすと，入力箇所は自動的に「次の箇所」に移動しますが，プログラムによっては，矢印のキイを使って入力箇所をかえることもできます．

③ すべての箇所の入力を終えたときは Esc キイで終了します．

表 5.4.1　表形式の場合の入力

100	110	120
140	/	

入力位置 (セル) は / で示される．
Enter キイをおすと次のセルに移動．
矢印のキイで入力位置指定も可能．
Esc キイで入力終了．

④ 以上が基本ですが，表の構造などによって，入力位置の移動の仕方のちがうものがあります．たとえば，「縦方向，横方向の計欄が表示されていてもそれを入力せずに計算する」ように指定されている場合には，その位置にはカーソルが移動しません．

▶5.5 データのセッティング

① 各プログラムで使うデータファイルは，MENU で指定しますが，その内容を表示した後，作業用ファイルに転記されます．各プログラムで，そのファイル中の変数を，プログラムの使い方に応じて選択し，編集して使います．各プログラムは，この処置を行なうために，サブプログラム **SETDATA** を引用します．

ここで説明するのは，このサブプログラム SETDATA での入力操作です．

```
UEDA でのデータファイルの扱い        基本的な流れ
・使うデータファイルを指定       ┐
・作業用ファイル WORK に転記     ┘ MENU で処理
・WORK をよみこみ
・使うデータセットを指定         ┐ 分析用プログラムで
・データセットに記録されている    │ SETDATA を呼び出して処理
  キーワードの処理              ┘
```

② SETDATA ではデータファイルに記録されているデータセットをよみこみますが，1つのファイルに複数のデータセットを記録してある場合には，

　　データセット名を番号つきで表示しますから，

　　使う分の番号を入力して選択する

ことになります．

プログラムによっては，複数のデータを選択するよう指示されることがあります．また，データ選択に関する種々の注意が表示されることもあります．

図 5.5.1 は，その一例で，傾向線 $Y=A+BX$ を求めるプログラムで，まず Y として使う変数，次に X として使う変数を指定するための手順です．

図 5.5.1 SETDATA での指定手順

```
指定したデータファイル                プログラムでのデータ選択

NOBS=6                              1   食費支出
VAR=食費支出                         2   収入総額
DROP=/6/                             3   消費支出総額
100, 129, 155, 184, 200, 210, 99        Y として使うデータを指定
VAR=収入総額                                                    1
200, 180, 200, 242, 264, 245, 288    1   食費支出
VAR=消費支出総額              ⇒      2   収入総額
150, 160, 160, 200, 220, 210, 150    3   消費支出総額
                                         X として使うデータを指定
         ⋮                                                     2

END                                  確認　Y/N                  Y

                                     DROP=/6/　を実行します
```

この手順における「Y として…」,「X として…」の表示は，SETDATA を参照するときに指定するようになっています．傾向線を求める問題における慣習にしたがって，Y, X という記号を使ってコミュニケーションするのです．

したがって，この部分は，使うプログラムによってかわります．

X に相当するものを多数指定する場合には，/3/4/5/ のように / 区切りで列記する形で指定できる場合があります．

また，「DROP=/6/ を実行します」というメッセージは，データファイルの中にそうするように指定するキイワードを書き込んであるときに，表示されます．

③　データファイルの中には，4.7節で説明したように，データの内容を記述するキイワード（必須）

  VAR, SET, TABLE　　変数名を指定
  NOBS, NVAR　　　　観察単位数
  END　　　　　　　　　データファイルの終わり

がおかれていますが，この他に，データの使い方を指定するキイワード

  DROP　　　　観察単位の一部を除外せよという指定
  SF　　　　　　10^N を乗じて，小数点の位置を調整
  CVTTBL　　 階級区分の区切り値を指定

などを，必要に応じて，書き足しておきます．例示は，このうち DROP 指定が書き足してあった場合です．

 ◆注　SETDATA は，データセットの入力誤りなどをチェックする機能をもっています．プログラム DATACHK を指定すると，SETDATA によるよみこみをステップごとにわけて進行させ，エラーの箇所を指摘します．6.1節で説明します．

④　コンピュータ操作という意味では，以上の指定だけで機械的に進行しますが，プログラムの使い方という意味では，すでに書き込まれているキイワード以外のキイワードをデータファイルに書き足す作業が必要となることがあります．

キイワードを書き込むために使うプログラム DATAEDIT については，7.4節で説明します．

▷5.6　データの変換など

①　データベースに記録されているデータセットをそのままの形で扱うのではなく，適宜変換してから使う場合があります．そういう場合のために，表 5.6.2 に示す手順を用意してあります．

この節は，そのうち，共通ルーティンを使う場合について説明します．

②　第一は，変数値を階級区分するためにいくつかの値域に区切るために使うサブプログラム **KUGIRI** です．

5.6 データの変換など

図 5.6.1 区切り値の指定 … サブプログラム KUGIRI による

```
[参考]  基礎データの範囲は   0.77/4.70          …… 参考情報を示して入力を要求
        区分のきめ方 … 区切り値(両端を含め)を指定
                       /0/1/2/3/4/5              …… この例のように入力
```

図 5.6.1 の 1 行目のように，変数値の上限，下限が表示されますから，それを参考にして，区切り値を / で区切って入力していきます．この場合の入力は，入力方式 2 です．

指定するのは区切り値ですから，たとえば 5 区分に区切るには 6 つの区切り値を指定します．

例示の場合，5 つの区分を指定したことになります．そうして，第一の区分は，0 またはそれ以上で 1 以下と指定したことになります．

すべてのデータをいずれか 1 つの区分に含めるために，

　　　最初の区切り値は下限またはそれ以下の値

　　　最後の区切り値は上限またはそれ以上の値

を指定するのが普通です．

例示で区切り値を /0.5/1.5/2.5/3.5/4.5/ とすると，0.5 以下の値と 4.5 をこえる値はどの区切りにも含めないことになります．たとえば分析の対象外とするためにこういう指定をすることが考えられますが，こういう扱いを認めない場合もあります．

また，区切りの数が制限される場合などがありますから，画面に表示される注意書きをよくみてください．

表 5.6.2 データの変換を行なうために用意されている方法

各プログラムから CALL される 共通ルーティンによる方法	それを行なう専用プログラム による方法
用意されている共通ルーティン 　・KUGIRI，CDCONV など 機能指定 　・画面操作で指定 　・簡単だが，機能は限定される データファイル 　・このために何の処理も不要 　　(この節で説明)	用意されているプログラム 　・VARCONV，FILEEDIT など 機能指定 　・キイワードで記述 　・やや面倒だが，機能は広い データファイル 　・作業用ファイルがつくられる 　　(7.7〜7.8 節で説明)

③ **CDCONV** も，変数値を区切るために使うものですが，主として，「観察対象をいくつかの区分にわけて比較する」という場面を想定しています．

いいかえると，「対象とする変数の変化をみる」という観点が薄れ，「変数値の大き

いグループ，小さいグループなどを比較する」という観点にたつことになります．

たとえば，値の低い階層，中間の階層，値の高い階層を比べるといった場合です．

この場合，すべての観察値をいずれか1つに含めるという条件は必ずしも必然ではありません．

また，区切り幅を等しくすることよりも，各区切りに属するデータ数をそろえることを重視することになるでしょう．

このため，区切り方を指定する手順中に，データ数をカウントし，必要なら区切り方をかえるステップが入ってきます．

処理の手順は，基礎データが数量データの場合と質的データの場合とでややちがいます．

④ 基礎データが数量データの場合について，このCDCONVによって区切り値を指定する手順を図示したものが，図5.6.3です．

(a)～(d)の順に進行します．

このサブプログラムが呼び出されたとき，基礎データの数と範囲などを図中の(a)のように表示した上，その範囲の区切り方を指定するように求めてきます．

図5.6.3 CDCONVによる区分コード指定手順(数量データの場合)

```
(a)
    対比する区分を決めます
    基礎データは…収入総額
    区分の数は………/

    《《参考》》 データの数の68

    データの範囲は 223.00 から 2085.00
    平均値＝805.78  標準偏差＝268.63
(b)
    区分の数は………3
        対比する区分の区切り値を指定
        区分      下限  上限
         1              /
         2
         3
(c)
    対比する区分の区切り値を指定
        区分      下限  上限
         1        200   500
         2        500  1000
         3       1000  2100

             確認…Y/N    /
(d)
    区分        1   2   3
    度数       14  37  17

        この区分を対比します   /
```

図5.6.4 CDCONVによる区分コード指定手順(質的データの場合)

```
(a)
    対比する区分を決めます
    区分の基礎データは…世帯人員数
        データ数  …68
    データに含まれる値は…234567
        区分数は  …6

        この区分どおりで扱う…Y/N    N
    区分数はいくつにしますか    /
(b)
    区分数をいくつにしますか…3
    区分番号1-3を指定

        データリスト    234567
        区分番号          /
(c)
    区分数をいくつにしますか…3
    区分番号1-3を指定

        データリスト    234567
        区分番号        123333

             確認…Y/N    /
(d)
    区分        1   2   3
    度数        9  18  41

        この区分を対比します   /
```

基礎データが数値の場合には，区分数を指定すると，図中の(b)のように，各値域の下限，上限を入力する欄が表示されますから，そこに入力していきます．

このプログラムでは，情報比較用の区分を定義するために使うことを想定していますから，数値データを区切るとき，110-130, 150-180, … のように，1つの区切りの上限と次の区切りの下限を一致させない場合も想定しています．このため，下限が前の区切りの上限と一致する場合も，略さず入力します．

区切り方を指定すると，各区切りに属するデータ数をカウントし，表示します(図5.6.3(d))．

これをみて，区切り方を指定しなおすこともできます．

たとえばグラフをかくプログラムなどでは，各区切りを表わす記号などを指定するステップがつづく場合があります．

◆注1　どの区切りにも入らないデータは分析範囲外とされます．その場合には，(d)のところで「対象外とされたものがいくつ」と表示されます．

◆注2　プログラムによっては，平均値 M と標準偏差 S を使って $M-2S, M-S, M, M+S, M+2S$ のような指定を受け入れる場合もあります．

◆注3　各区切りの度数を等しくするように区切るための参考として，(a)で，たとえば三分位値や五分位値を表示する場合があります．

⑤　基礎データが質的データの場合もほぼ同様に進行しますが，区切り方の指定では，基礎データに含まれている区分番号が表示されますから，それぞれに対応する新区分番号を入力します(図5.6.4)．

この場合，新区分番号は，

　　　1からはじめ，

　　　飛び番号がないように

指定します．

この場合は番号をひとつひとつ区切らず，文字列として入力します．したがって，入力方式2によることになります．

区分番号として0を指定すると，その区分は除外されます．

ステップ(d)では，各区分のカウントが表示されますから，それをみて区切り方を変更できます．

ステップ(d)の後に，たとえばグラフをかくときに使う記号を指定するためのステップがつづく場合があります．

⑥　用意してあるデータを変換したい場合は，さまざまなケースがありますから，これら以外のルーティンを使う場合もあります．たとえば，分布をみるプログラムでは，変数値 X を $Y=\log X$ に変換するなどの機能を用意してあります．

⑦　また，①に示したように，変数変換を行なうプログラムを用意してあり，それを使うと，たとえば7.7節で説明するVARCONVを使うと，変換ルール(算式)を任意に指定できます．

▶5.7 プリンター出力

① UEDA では，計算結果などのプリントを
　　　各プログラムでは「プリント用のファイル」にかき
　　　後で専用プログラム PRINT を使ってプリントする
方式を採用しています．次の②〜⑤で説明する要領です．
　画面のコピーについても，ほぼ同様です．⑥で説明します．
② 各プログラムの進行過程の中で，
　　　「プリント出力するか」という問い合わせ
が表示されますから，それに YES と答えると（その場ですぐにプリントするのでなく）
　　　いったん，プリンター出力形式でファイルに記録する
ようになっているのです．

◆注 「プリントするか」という問い合わせの出し方が簡単化された形で表示される場合がありますが，その場合は「ピイッ」という音を出します．

　出力ファイル名は，使っているプログラム名に「.PRT」をつけたものになります．
このファイルの記録場所は，作業用フォルダ C:￥UEDA￥WORK です．
③ ただし，たとえば出力の量が多くて，当然のこととしてプリンター出力だという場合には，問い合わせをすることなく，自動的にプリント用ファイルに出力する場合があります．
　この場合には，プログラムによる処理を終わるとき，「プリント用ファイル＊.PRT ができています」（＊は使っているプログラム名）というメッセージを出します．
④ いずれの場合も，実際のプリンター出力には，メニューにもどってから，
　　　プリント用プログラム PRINT を使う
ことになります．
　PRINT を呼び出すと，プリンター接続を確認した後，対象区分を指定する画面になります（図 5.7.1）．

図 5.7.1　PRINT の対象区分指定画面

```
対象は　テキスト ……………………T
　　　　テキスト画面のコピー…………P
　　　　グラフィック画面のコピー……G
　　　　　　　いずれかを指定　終わるときは　E
```

　この区分は
　　　テキスト ………… 文字で表示される文書形式の出力

グラフィック …… 図形形式の出力

です．特殊の場合ですが，文字で表示された画面を図形形式で出力する場合があり，それが，Pです．

⑤ ①，②の場合は，テキスト形式ですから，図5.7.1に対してTと入力すると，作業用領域にキープされているテキスト形式のファイル名が，番号つきで表示されます．たとえば図5.7.2です．

ここで，出力したいものの番号を入力すると，そのファイルの内容を表示した後，プリンターに出力します．

図5.7.2 プリント出力指定

```
<<以下のファイルが記録されています>>
1  AOV04.PRT
2  REG03.PRT
   プリントする分の番号を入力　終わりはE
                  1
         AOV04.PRTをプリントします
   出力につける整理番号などを指定　　/
```

整理番号は共用のプリンターに出力する場合に必要です．必ずつけましょう．
専用プリンターを使うときはEnterキイ．

ただし，整理番号に関する問い合わせが出ます．これは，
　　　共用プリンターを使う場合に自分の出力と他の人の出力を識別
するために必要です．そういう環境では，利用者番号などが決めてあるでしょう．それを入力するのです．

⑥ グラフィック画面のコピーをとるときも②と同様で，
　　　画面に「COPY…C」という表示が出たとき，または
　　　赤字のCが表示されたときCと入力
すると，そのときの画面のコピーがとれるのですが，
　　　その場ですぐにプリンターに送るか，
　　　いったんファイルに出力するかを選択
できます．この選択を求めるために
　　　出力先　P or F
という表示が出ます．表示場所は右上ですが，画面の関係で他の場所に表示されることもあります．

Pと入力すると，共用プリンターを使う場合に必要な整理番号の入力を経て，ハードコピーがはじまります．

Fと入力すると，プリンター出力用のファイルに出力され
　　　ファイル＊.BMPができました

と表示されます．*はプログラム名であり，*.BMP は，出力の記録形式が BMP であることを示す拡張子です．

◆注　特別の場合ですが，
　　　　ファイル*.PTN ができました
と表示されることがあります．これは，文字で表わされた情報だが，グラフィック画面と同様な扱いをする場合，すなわち，図 5.7.1 の P の場合です．

⑦　⑥でファイルに出力した場合には，④と同様に，プログラム PRINT を呼び出してプリント出力を実行しますが，図 5.7.1 では，対象を G と指定します．
◆注 1　⑥の注の場合は，対象は P です．
◆注 2　UEDA の PRINT を使うかわりに，Windows に組み込まれている WORDPAD や PAINT などを使うこともできます．
◆注 3　⑥で画面コピー用のファイルをつくるために Windows で用意してあるコピー機能を使うこともできます．ただし，いつコピーをとるかをよく考えてください．たとえば，説明の展開の関係で，表示が後で変更される場合がありますから，どの画面が必要なのかを判断しなければならないのです．

▶5.8　作業用ファイルの消去

①　UEDA のプログラムでは，作業経過で種々の一時記録用ファイルをつくり，専用の作業用フォルダ¥UEDA¥WORK に記録します．
　一時記録用ですが，消去されずに残るものがありますから，適時に，プログラム **DEL_WORK** を使って消去してください．
②　このプログラムを指定すると，次のように，残っているファイル名が表示されますから，Y と入力するとその分が削除されます．

```
作業用ファイルが残っている場合消去します
    C：¥UEDA¥WORK¥AOV04.PRT を削除　Y/N/A　　/
```

Y をおして削除した場合も N をおして削除しなかった場合も，次のファイル名が表示されますから，次々と進めていくのですが，
　　　　ひとつひとつ指定せずにすべてを削除してよいときには A と入力
します．それ以降は，ファイル名を表示せず，すべて削除します．

6

プログラムの使い方 (2)
——統計処理プログラム

> この章では **UEDA** の使い方を説明します．ただし，まず「基本的な注意」を 6.1 節，6.2 節で，つづいて，代表的なプログラムを例にとって 6.3〜6.7 節で説明します．
>
> これで十分使えるようになりますから，後は，各プログラムで取り上げている手法についてそれぞれのテキストで学習してください．

▶6.1 基　　本

① **処理手順の共通化**　　統計処理を進めるプログラムについては，前章に示したように

　　　処理手順の多くの部分を共通化

してあります．したがって，ひとつひとつのプログラムについて，その部分の使い方 (処理手順に関する側面) を説明する必要はないでしょう．

第 4 章で説明した

　　　各プログラムで取り上げている統計処理の内容を知り，

　　　そのために「どんな処理を，どんな順に進めるか」をつかむ

ことによって，その使い方は (処理内容に関する側面を含めて) 自然にわかってくると思います．

② **使い方の例示**　　したがって，この章では，使い方 (処理手順に関する側面) という意味で異なるいくつかのプログラムを選んで説明します．まず，それを使ってみてください．

③ **問題に即した使い方**　　もちろん，使い方 (処理内容に関する側面) の難しいプログラムもあります．それらについては，

　　　統計手法の説明とあわせて説明する方がわかりやすい

と思いますから，それぞれのテキストを参照してください．一連の問題を用意してあ

り，問題を順に取り上げていけば，プログラムの使い方がわかるように構成してあります．また，プログラムによっては，問題を扱う場合を例にとって，使い方のくわしい説明を用意してあるものもあります．

プログラムも，使い方の難易(取り上げている手法の難易)を考えていくつかにわけた場合があります．一般的に使ってよい手法と，ある程度の前提知識を要する手法とをわけるという趣旨です．難しい手法でもコンピュータを使えば簡単だ…そう誤解されないように，レベルによってプログラムをわけているのです．

処理内容を理解するためには順を追って学習しなければならない…コンピュータの操作に関しては，できるだけ簡単化してある…そういうことです．

④ **例示用のデータを用意してある**　たいていのプログラムには，例示用のデータを用意してありますから，まず，それを使って動かしてみましょう．

⑤ **実際のデータを扱うときには**　例示用データを使った場合についてはほぼ完全にチェックしてありますから動くはずですが，それ以外のデータを使った場合には，使い方を特定していないため，使い方によってはプログラムの進行途中でエラー状態が発生するかもしれません．

プログラムの側に問題がある場合もあるでしょうが，よく発生するのは
　　プログラムで想定している制限をこえた使い方をした場合
　　使ったデータに問題がある場合
です．

⑥ **データのタイプ**　第4章で説明したように，UEDA で扱うデータのタイプとして V タイプ，S または T タイプがあり，各プログラムではそのどちらのタイプを扱うかが決まっています．したがって，例示用以外のデータを使う場合には，
　　「データのタイプ」が
　　それぞれのプログラムで想定したタイプに合致していること
(例示用データと同じタイプであること)を確認してください．

⑦ **キイワード**　また，使用条件を指定するキイワードが必要であり，それが用意されていないためにエラーとなる場合があります．

この種のエラーについては，その旨のエラーメッセージが表示されるはずです．例示用以外のデータを使う場合には，必要なキイワードをつけ加えた上で使ってください．

⑧ **データ数に関する制約**　UEDA のプログラムで扱うデータに関していくつかの注意が必要ですが，そのひとつは，データ数に関する制約です．

UEDA のプログラムは，「手法の解説を主たる目的とするプログラム」と「分析場面で使うことを目的とするプログラム」とに大別できますが，前者では，説明のわかりやすさや，画面の見やすさを考えて，扱うデータのサイズを限定しています．後者では，そういう限定はおかず，実際の問題を扱うのに十分なデータサイズに対応できるようにしています．

どちらにしても，データ数の制約をこえると，その旨のエラーメッセージが出ます．

この場合は，その制約下で使うより他はありません．

⑨ **エラーメッセージ**　UEDAのプログラムで用意したエラーメッセージの他に，BASICによる処理に問題があった場合にBASICからエラーメッセージを出すこともあります．

これらのメッセージはエラーの原因を示すものではなく，「こういう現象が起こった」という指摘ですが，手がかりにはなります．

プログラム側に原因がある場合はプログラムの方で対応していますが，データ側に原因がある場合については，これらのエラーメッセージを手がかりにして，その原因を探ってください（表6.1.1）．

表6.1.1 データに問題があると思われるエラーコード

ERR=09	データ数がプログラムで想定した限度をこえている
ERR=11	割り算の分母として使うデータの中に0がある
ERR=05	許されない計算をする結果となっている
ERR=54	データの数がNOBSやNVARで指定された数と一致していない
ERR=58	データの型に不一致がある（たとえば数値データであるべきところが，文字データになっているなど）
ERR=63	使うデータを指定するとき，存在しないデータファイル名を指定している
ERR=64	新しいデータにファイル名をつけるとき，既存のファイル名を指定している

FBASICから出されるエラーコードについて，UEDAで使った場合に予想されるエラー原因をあげたものです．

⑩ **DATACHKによるチェック**　ただし，これらのコードですべてが解決するわけではありません．

たとえば，
- 最後のデータの後に不要なコンマがあると，値0のデータが存在するとみられる．
- 小数点とコンマの入力ミスがあると，データの数がくるってしまう．
- 正の値しか受け入れない問題で0または負のデータが含まれていた．

こういう場合には，結局データのひとつひとつをみていくことが必要となるでしょう．大量のデータでは，手数がかかる仕事になりますが，大量のデータであるがゆえにエラーが起きるのですから，避けることはできない仕事です．

そこで，データを「ひとつひとつみていくことを行なうプログラム」を用意してあります．

それが，プログラム**DATACHK**です．

まず，次のデータ（図6.1.2）をみてください．このデータにエラーがひそんでいます．どこでしょうか．

図 6.1.2 エラーを含むデータ例

```
10500 data SET= 家計収支 by 年齢区分  （年収区分計）
10510 data NVAR=14/NOBS=6
10520 data  39885, 3.04, 270518, 210997,  55947, 21959, 11450,  9118, 13959,  6627, 27005,  2044, 18541,  44344
10530 data 183313, 4.08, 328240, 241129,  73299, 13761, 14405, 10077, 15034,  6427, 26075,  8381, 22430,  51240
10540 data 164525, 4.20, 400259, 290840,  86522,  9885, 16745, 11363, 18946,  6023, 28659, 18083, 25433,  69183
10550 data  99768, 3.46, 463897, 328144,  76859, 11231, 16679, 13836, 23344,  7082, 33695, 11711, 23077, 110630
10560 data  19431, 2.94, 382689, 275005,  67645, 13435, 15458, 11946, 18986,  7955, 27014,  2329, 21726,  88510
10570 data   1961, 2.68, 376918, 240099,  64826, 11004, 13732, 10607, 17833,  6881, 23387,  2470, 26817,  62563
11000 data SET= 家計収支 by 年収階級  （年齢区分計）
11010 data NVAR=14/NOBS=9
11020 data    679, 2.69, 134675, 116098,  41229, 12144, 10624,  3899,  5831,  3640,  9551,  2824,  5261,  21096
11030 data   9426, 2.98, 155372, 141379,  47817, 13429, 10363,  5554,  7904,  4575, 14870,  4102,  8967,  23799
11040 data  40451, 3.39, 215363, 175820,  56575, 15308, 11952,  7252,  9613,  5087, 18368,  5048, 13030,  33586
11050 data  87825, 3.63, 265515, 208889,  65105, 14800, 13229,  8967, 11800,  6021, 22325,  6975, 16389,  43278
11060 data 106711, 3.86, 318951, 240834,  73827, 13031, 14404,  9848, 14595,  5999, 24792,  9383, 20578,  54377
11070 data  87766, 3.96, 371259, 270800,  79132, 11242, 15452, 11409, 17151,  6315, 27424, 11482, 23865,  67508
11080 data 103478, 4.03, 447854, 318510,  84465, 11020, 17013, 12765, 21399,  6859, 32709, 15254, 27970,  89056
11090 data  44883, 4.17, 554563, 377139,  92583, 10600, 19079, 15269, 27669,  7695, 40300, 16373, 32474, 115098
11100 data  27664, 4.28, 716845, 462660, 101532, 13757, 21088, 18775, 41211, 10058, 50907, 22833, 40912, 141587
30000 DATA END
```

このデータは UEDA のデータベースの中に FOR_TEST というファイル名で記録されています．

メニューでプログラム DATACHK を指定すると，チェック対象とするファイル名を指定する画面になりますから，FOR_TEST を指定してください．

プログラムは，2 つのフェーズにわけてデータを調べます．

第一のフェーズでは，データセットの中におかれているキイワードを拾って「必要なもの」があるか，「キイワードと認められずミスとみられるもの」はないかを調べます．

第二のフェーズでは，データをひとつひとつよんで，画面に表示していきます．

例示した図 6.1.2 について，どんな形でエラーが指摘されるかをみてください．

プログラムを使わなくてもみつかるかもしれませんが，例示以上に大きいデータがありますから，このプログラムの出番は必ずあるはずです．

◆注　共通ルーティン SETDATA でデータをよみこんでいるのですが，よみこみと同時に種々の処理をしています．ここで使ったプログラム DATACHK は，よみこみ→表示にしぼっているので，よみこみの状態をわかりやすく示すことができるのです．

⑪　**コンピュータを使えば簡単？**　　データそのものや，その使い方に関するエラーの発生にはさまざまな場合があり，それを発見するためにいくつかのアドバイスをあげましたが，どんな場合にも有効な決め手はありません．

コンピュータを使ってスピーディに分析を進める … そういう状態に達する前に，根気を要する前作業が必要となることを知っておきましょう．

◆注　キイボードは，叩かず，タッチすること…．たとえば 1 と入力したつもりでも 111 と入力された結果となって，暴走状態になるというおそれがあります．軽くタッチするとそういうことはないはずですが…．

▶6.2 データの画面表示

① 計算の過程や結果は，もちろん，わかりやすく表示するように工夫していますが，扱うデータの有効数字の桁数の関係で，表示が乱れることがあります．
　想定している桁数をこえる数値が現われると，BASICのルールでは，たとえば
　　　　%123456
　　　　1.2345 E+8
のように表示されます．オーバーフロー，すなわち，表示のために用意したスペースをあふれたことを示しているのであり，それぞれ
　　　　「%を無視して123456とよむ」，
　　　　「E+8は10^8したがって，12345000とよむ」，
と理解してください．
　ファイルに記録したときにも同じことが起こります．それを使う前に%を削除することが必要です．
② オーバーフローは画面表示に関する問題であり，計算精度の問題ではありません．画面表示が短くても，コンピュータの中では，標準の桁数をとった計算が実行されていますから，計算結果に影響することはありません．
　しかし，「予想していた桁数をこえている」ことについて，考えるべき問題があります．そんなに長い桁数を答えとして採用してよいのかという⑤にあげる問題です．
③ 表示場所をひろげておけばこういうオーバーフローを避けることができますが，
　　　　UEDAでは，結果として意味のある桁数を表示する
ことを考えて，必要以上に長い桁数を表示しないように設計してあります．
④ 「意味のある桁数」はどこまでかという判断は，基礎データについても必要ですが，UEDAでは，
　　　　小数点の位置をかえて，
　　　　整数部分が1桁ないし3桁の範囲におさまるようにする
ことを原則としています．
　この原則に沿った形のデータについては，オーバーフローすることはないはずですが，データベースに収録されているデータセットの中にはこの範囲外のものがありますから，
　　　　オーバーフローによって画面が乱れたら，
　　　　キイワードSFをデータセットに書き足して，小数点の位置をずらす
ように指定して使ってください．
⑤ コンピュータの中での「標準桁数」は，統計の問題にとっては十分な長さです．桁数がたりないという問題はまず起こりません．

それよりも桁数が長すぎることに注意しましょう．計算機の中では，与えられたデータの桁数が短い場合，桁数を標準にあわせるために余分の0をつけ足して計算しています．このことから，計算結果に，桁をそろえる数値という意味しかもたない数値が並ぶことがあります．これを「スペースフィラー」とよびます．

したがって，結果の桁数が必要以上に長くなっている場合，それをそのまま，解とすべきではありません．どの程度まで「意味をもつか」を考えて，解の桁数を定めましょう．

「スペースフィラー」と「意味ある数値」とを識別せよということです．

> 必要な桁数まで求められていない … 精度の不足
> 必要以上の桁数が求められている … スペースフィラーの発生
> 　　統計の問題では，後者にも注意すること

たとえば，ひとりひとりの体重を kg 単位で計測したデータが 100 人分あった場合，平均値を計算した結果が 54.32 kg とするのは不適当であり，54.3 kg としよう … こういう点を考えて，表示せよということです．

◇注1　2つのグループの平均値どうしを比較する … その場合には「平均値の精度」を考慮して表示の桁数を決めます．

しかし，「平均値で表わす」ときには「ひとつひとつのデータでみた精度」を考慮して表示精度を決めるべきです．ここで論じているのは，この場合です．

◇注2　画面表示が短くても，プリンター出力では長くなっていることはありえます．説明用画面の都合で短くカットしているためです．

▶6.3　プログラムの使い方 —— 例：AOV03 と AOV04

① AOV03E は，対象データが区分されているとき，それぞれの区分での平均値を基準とする分散（これを級内分散という）を計算すること，そうして，全体での平均値を基準とする分散（これが全分散）より小さくなり，その減少率によって，区分けの有効性を評価できることを説明するプログラムです．

② このプログラムは，大区分3に入っています．これを指定して，説明文をよむと，①に述べた説明が画面上に展開されますから，まず，それをよんでください．

このプログラムで使うデータは特定されていますから，説明文の表示が終わったらすぐに，プログラム AOV03E に進みます．

③ まず，表6.3.1 のように，全分散が計算されます．ここまでは1.5節で説明した AOV01E と同じで，平均値，偏差，その2乗，分散の順に進行します．操作手順は Enter キイだけです．

分散 9.97 が得られたところで Enter キイをおすと，表6.3.1 の下部に「分散が大きいのは …」というコメントが表示されます．

「分散が大きい」ならなぜ大きいかを考えることが必要ですが，例示データの場合

6.3 プログラムの使い方——例：AOV03 と AOV04　　85

表 6.3.1　AOV03E の進行 … 全分散の計算

データの準備		全分散の計算			
		平均	偏差	分散	
##	X (#)	MX (#)	DX (#)	$DXDX$ (#)	
1	34.00	39.83	-5.83	34.03	
2	38.00	39.83	-1.83	3.36	
3	35.00	39.83	-4.83	23.36	
4	42.00	39.83	2.17	4.69	
5	39.00	39.83	-0.83	0.69	この部分は
6	41.00	39.83	1.17	1.36	つづいて表示される
7	42.00	39.83	2.17	4.69	
8	40.00	39.83	0.17	0.03	
9	45.00	39.83	5.17	26.69	
10	40.00	39.83	0.17	0.03	
11	44.00	39.83	4.17	17.36	
12	38.00	39.83	-1.83	3.36	
平均	39.83			9.97	

　　分散が大きいのは条件のちがいが考慮されていないため？　たとえば世帯人員で区分してみましょう．

「世帯人員のちがいが効いている」と予想されます．したがって，「それでわけてみよう」という問題意識です．

④　そこで，世帯人員の情報を追加し (2 列目)，その区分別に平均値を計算し，それからの偏差，その 2 乗，その和，そうして，級内分散が計算されます (表 6.3.2)．
　この計算過程は，全分散の場合と同じで，偏差を測る基準がかわっただけです．
6.94 が得られます．これが，級内分散です．

⑤　これで計算が終わったのですが，Enter キイをおすと，表 6.3.2 の下部に，
　　この区分けによって分散が減少すること，
　　その減少率が 30.36% であることから，
　　区分けが有効であることがコメントされます．

⑥　全分散あるいは級内分散の平方根，すなわち，標準偏差によって「偏差の大きさの (一種の) 平均」が計測できます．しかし，それは「偏差の平均的な大きさ」ですから，
　　ひとつひとつの観察値の偏差をみておく
ことが必要です．たとえば「他と離れた値をもつ観察値が混在しているために分散が大きくなっている」…そういう状態になっているとすれば，標準偏差は「偏差の平均的な大きさ」といえません．そういう状態になっていないことを確認するのです．
　図 6.3.3 は，全体でみた平均値を基準とした偏差について，このことをみるための図です．

⑦　観察値を区分けした場合についても，同様に図示されます．図 6.3.4 です．

表 6.3.2　AOV03E の進行 … 級内分散の計算

データの準備		全分散の計算			級内分散の計算		
		平均	偏差	分散	平均	偏差	分散
##	X(#)	MX(#)	DX(#)	DXDX(#)	MX(#)	DX(#)	DXDX(#)
		基準は全体での平均			基準は各区分での平均		
1 2	34.00	39.83	−5.83	34.03	36.00	−2.00	4.00
2 2	38.00	39.83	−1.83	3.36	36.00	2.00	4.00
3 4	35.00	39.83	−4.83	23.36	40.33	−5.33	28.44
4 4	42.00	39.83	2.17	4.69	40.33	1.67	2.78
5 3	39.00	39.83	−0.83	0.69	41.00	−2.00	4.00
6 4	41.00	39.83	1.17	1.36	40.33	0.67	0.44
7 3	42.00	39.83	2.17	4.69	41.00	1.00	1.00
8 4	40.00	39.83	0.17	0.03	40.33	−0.33	0.11
9 3	45.00	39.83	5.17	26.69	41.00	4.00	16.00
10 4	40.00	39.83	0.17	0.03	40.33	−0.33	0.11
11 4	44.00	39.83	4.17	17.36	40.33	3.67	13.44
12 3	38.00	39.83	−1.83	3.36	41.00	3.00	9.00
平均	39.83			9.97			6.94
区分2	36.00						
区分3	41.00						
区分4	40.33						

区分けしてみると分散が小さくなりました．したがって，区分けの効果は 30.36%．この値が大きいほどよい（限度がありますが）．

図 6.3.3　全体でみた平均からの偏差　　　図 6.3.4　各区分でみた平均からの偏差

```
        残  差                              各区分での平均を基準とした残差
       -6  -3   0   3   6                  -6  -3   0   3   6
 1      x   .   .   .   .                   .   x   .   .   .
 2      .   .   x   .   .                   .   .   .   x   .
 3      .   x   .   .   .                   .x   .   .   .   .
 4      .   .   .   x   .                   .   .   .   x   .
 5      .   x   .   .   .                   .   x   .   .   .
 6      .   .   x   .   .                   .   .   .x  .   .
 7      .   .   .   x   .                   .   .   .   x   .
 8      .   .   x   .   .                   .   .   x.  .   .
 9      .   .   .   .   x                   .   .   .   .   x
10      .   .   x   .   .                   .   .   x.  .   .
11      .   .   .   x   .                   .   .   .   .x  .
12      .   .   x   .   .                   .   x   .   .   .
              σ= 3.16                                 σ= 2.64
```

きざみはどちらの図も，「全体でみた平均を基準とする偏差」について， $\mu-2\sigma$, $\mu-\sigma$, μ, $\mu+\sigma$, $\mu+2\sigma$ にあたる箇所です．

⑧　AOV03 を使うと説明ぬきでほぼ AOV03H と同様に進行します．

例示用データとして AOV03H で使ったのと同じデータを用意してありますから，それを指定して，同じ結果が得られることを確認してください．

6.3 プログラムの使い方——例：AOV03とAOV04

もちろん，例示以外のデータも指定できますが，その場合，データ数15以上の部分は画面に表示されませんが，プリンター用出力にはその部分も含まれています．

⑨ 実際の問題を扱うときにはAOV04を使います．

このプログラムでは，データファイル中に含まれる変数のどれをいくつ使うか，また，その変数値を，そのままの形で区分に使うことも，区分の仕方をかえて使うこともできるようになっています．

その説明文中に示されるように，
　　　サンプルデータを使えるようにしてあります
　　　　　68世帯の食費支出額……X
　　　　　収入総額………………A_1
　　　　　世帯人員数……………A_2
　　　Xの差異が，A_1, A_2で，どの程度まで説明できるか

という問題を，区分に使う変数の数や区切り方を工夫することも含めて，考えるのです．

⑩ 例示用データを指定して，このプログラムを呼び出してみましょう．

すると，まず，例示用データ中のデータセットのうちどれを使うかを指定する画面になります．

ここでは，Xとして食費支出，Aとして世帯人員数を指定してみましょう．

指定手順は，図6.3.5に示すとおりです．

図**6.3.5**　変数の指定

```
分析対象変数を指定
    1 : X    食費支出
    2 : U1   収入総額
    3 : U2   消費支出総額
    4 : U3   世帯人員
X として使うデータを指定 (番号を INPUT)    1

説明要因を指定
    1 : X    食費支出
    2 : U1   収入総額
    3 : U2   消費支出総額
    4 : U3   世帯人員
A1 として使うデータを指定 (番号を INPUT)    4

第二の要因を指定しますか  Y/N              N
```

変数を指定したら，それを「どのように区切って扱うか」を指定します．図6.3.6がその指定手順です．

図6.3.5で「A1」と指定した世帯人員について，値234567が含まれていることが表示されていますから，これを参考として決めるのです．

すべての値を区別するなら6区分となりますが、値7や6の頻度は少ないでしょうから、人数5人以上を一括するものとして、4区分と指定しましょう。

図6.3.6の順に指定していきます。最後に、こう指定した場合の「各区分のデータ数」を表示しますから、必要なら指定しなおすことができます。

◆注1　この手順は、共通ルーティンCDCONVによっています。他のプログラムでもこの部分は、同じ操作で進めることができます。

たとえば収入のように「連続した値をもつ変数」の場合は、最小値、最大値、平均値、標準偏差などが表示されますから、それを参考にして、各区分の下限と上限を指定します。

◆注2　例示のように6人や7人を5人以上と一括するかわりに、それらを除くことも考えられます。その場合は、123400のように区分0とします。

図6.3.6　変数区分の指定

区分の基礎データは	…世帯人員
データ数は	…68
データに含まれる値は	…234567
区分数は	…6
この区分どおりで扱う	…Y/N　　　N
区分数をいくつにしますか　…	4
区分の仕方を1-4のいずれかで指定　データリスト　234567	
区分番号　　　　123444	
区分　　1　2　3　4　度数　　9　19　22　19　　この区分を対比します	

⑪　以上の指定を終わると、すぐに、結果が表示されます。

最初の表6.3.7は、各区分ごとにみた「データ数」、「平均値」、「標準偏差」です。

次の表6.3.8は、「全分散」、「級内分散」、その差である「級間分散」ですが、分散の分子にあたる「偏差平方和」も含めて、分散分析表として慣用される形式で示しています。くわしくは、第1巻『統計学の基礎』の説明を参照してください。

⑫　問題の扱い方としては、

　　2つ以上の区分を組み合わせて扱うことの効果をみる問題

　　他と外れた値を検出する問題

　　区分けの効果が「誤差範囲をこえている」ことを検定する問題

などに進めることが考えられます。

これらについても、『統計学の基礎』を参照してください。

表 6.3.7　各区分の平均値, 標準偏差

区分	データ数	平均値	標準偏差
全体	68	2.21	0.78
1	9	1.44	0.13
2	18	1.92	0.30
3	22	2.08	0.24
4	19	2.98	0.42

表 6.3.8　区分けの効果を示す分散分析表

区分		平均値	偏差平方和	データ数	分散	決定係数
全分散	S_X	2.206	41	68	0.61	100.00
級間分散	$S_{X \times A}$		18	68	0.27	44.48
級内分散	$S_{X|A}$		22	68	0.34	
内訳						
	$S_{X|1}$	1.437	1	9	0.12	
	$S_{X|2}$	1.922	6	18	0.34	
	$S_{X|3}$	2.087	4	22	0.18	
	$S_{X|4}$	2.979	12	19	0.63	

▶6.4　プログラムの使い方 —— 例：XTPLOT と GUIDE

① この節では，たとえば年次データのように「その変化をみる」ことが問題とされるデータを扱うプログラムの例として，XTPLOT を取り上げます．

② **XTPLOT** は，時系列データなどの系列データ（X と表わす）について，その値あるいは変化率や指数などの指標値を計算し，縦軸に X，横軸に系列番号 T をとった「線グラフの形式」で図示するプログラムです．

③ したがって，処理の進行は
 (1) 縦軸，横軸にとる変数を指定
 (2) 軸と目盛りの刻み方を指定
 (3) 描画
の順です．

ただし，変化率や指数は，データとして用意されていないので，それを計算する場合もあります．よって，
 (4) そういう計算を行なうための指定
手順を呼び出すことになります．

プログラムを使うための操作手順は，こういう処理に対応して進めるように組み立てられています．また，そのことを念頭においてフォローできるはずです．

④ まず最初は，例示用データ（プログラムの機能を説明するための簡単な例）を指定して動かしてみることです．

メニューで REI と指定すると，その内容が図 6.4.1 のように表示されますから，データファイルに含まれているデータの種類や定義，データの数などを確認しましょう．処理プログラムの中では，一般化した表現を使いますから，まずここで，

　　　　どんなデータを扱うのかをはっきりと把握しておく

そのために，対象データを表示しているのです．

操作としては Enter キイをおすだけですが，機械的に進めるということでなく，画面表示をみて，内容を把握して，OK という意味をこめて Enter キイをおすように注意してください．

図 6.4.1　UEDA のデータ記録形式 (VAR 形式)

```
20000   '****************************************'
20001   '*                平均賃金の年齢別推移(製造業・規模別)        *'
20002   '*                         DE30.REI                       *'
20003   '*     年齢   10 区分 (18/20/25/30/35/40/45/50/55/60)        *'
20004   '*     年次   76 年/86 年                                  *'
20005   '*     例題   for XTPLOT.                                  *'
20006   '*                                              [DE30.DAT] *'
20007   '****************************************'
20010   DATA NOBS=6
20020   DATA VAR=年齢
20030   DATA 22, 27, 32, 37, 42, 47, 52, 57
20040   DATA VAR=平均賃金 (製造業/規模計/76 年)
20050   DATA 115.4, 143.6, 173.1, 189.4, 196.4, 200.8, 202.3, 168.5
20060   DATA VAR=平均賃金 (製造業/規模 1-99/76 年)
20070   DATA 119.5, 137.0, 158.6, 167.4, 167.2, 161.7, 155.0, 143.6
                                  :
```

⑤ プログラムが呼び出されると，まず次の問い合わせが出ます（図 6.4.2）．

図 6.4.2　使い方を指定する画面

```
モード 1 では横軸に系列番号をとって X の変化を図示します
モード 2 では 2 つの系列データの関係を XY 平面上の動きとして図示します
1/2 のいずれかを指定
```

モード 1 が ② に示した処理手順に対応しますが，モード 2，すなわち，ちがった図示法（⑪ で説明）にも適用できるということです．

まず，モード 1 を指定してみましょう．③ に示した順に進行します．

⑥ まず，使う変数の指定です．

データファイルに記録されている系列名を番号つきで表示します（図 6.4.3）から，

グラフの横軸にとる系列と，縦軸にとる系列を指定します．

図 6.4.3 図示する変数の指定

```
PLOT するデータを指定               （終わりは  /）
   横軸にとるデータの箇所で ……… T   (1 つに限る)
   縦軸にとるデータの箇所で ……… X   (5 つまで指定可)

      0  Serial Number
  T   1  年齢
  X   2  平均賃金 (製造業/規模計/76 年)
      3  平均賃金 (製造業/規模 1-99/76 年)
      4  平均賃金 (製造業/規模 100-999/76 年)
      5  平均賃金 (製造業/規模 1000 以上/76 年)
  X   6  平均賃金 (製造業/規模計/86 年)
  /   7  平均賃金 (製造業/規模 1-99/86 年)
      8  平均賃金 (製造業/規模 100-999/86 年)
                    ⋮
```

イタリックで示したのが入力箇所．この画面の下に表示される「特別の計算指定」については ⑩ で説明．

　縦軸にとる変数は 5 つまで指定できます．それらが 1 枚の図に重ね書きされることになります．多くの変数を 1 枚におさめるか，別々にかくかを選択してください．

　番号の前のカーソル (/ マーク) が上下の矢印キイで動きますから，図示したい変数のところで T または X を入力し，Enter キイをおします．指定を取り消すには，すでに指定している変数のところで X または T をおします．

　図 6.4.3 は，横軸に年齢，縦軸に 2 つの年次の平均賃金を指定したところです．

　指定を終えるときには Esc キイを入力します．

　すると，指定した変数名を表示して確認を求めてきます．N と入力すると，もとにもどって指定をつづけることができます．

　⑦　次に，グラフの「目盛り」を指定する画面になります (図 6.4.4)．

図 6.4.4 グラフの目盛りの指定

```
データの範囲は次のとおりです./これを参考にしてください
     横軸  MIN=  19     MAX=   62
     縦軸  MIN=  94     MAX=  345

     目盛り値を指定………/で区切って入力(?)
        横軸  /
```

　この画面の上部には変数値の範囲が表示されますから，それを参考にして，目盛りのとりかたを決めます．

図 6.4.5 では，横軸について 10 から 70 と指定しています．また，縦軸については，0 から 400 の範囲について 100，200，300 のところにも目盛りを刻むように指定しています．

図 6.4.5　グラフの目盛り指定例

```
目盛り値を指定……… / で区切って入力 ( ? )
　横軸　　10/70
　縦軸　　0/100/200/300/400
```

(?)と表示されている箇所では，?を入力すると，その箇所に関する説明(短いヒント程度です)が表示されます．

⑧　これで描画の準備が終わりました．

Enter キイをおすと，指定に応じてスケールをえがき，各変数に対応する線グラフがえがかれます (図 6.4.6)．

系列データですから，その動きをみせるために線で結びます．

欠測値はグラフに表示されません．線も，その前，その後の間はえがかれません．

⑨　この画面の左上には「コピー … C」と表示されています．このときに C と入力すると，そのとき表示されている画面のコピーをとることができます．共通ルーティンで説明したとおり，

　　その場でプリンターにおくるか

　　　いったんファイルに出力し，後で，プログラム PRINT を使って出力するかのいずれかを選択できます．

◆注　Windows に用意してあるハードコピー機能を使うこともできますが，画面だけでなく，関連情報も一緒に出力する場合がありますから，一般には，UEDA のコピー機能を使ってください．

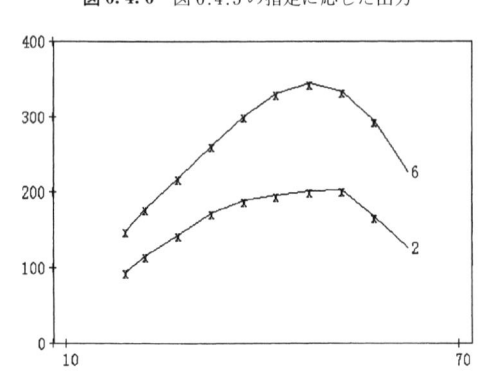

図 6.4.6　図 6.4.5 の指定に応じた出力

6.4 プログラムの使い方——例：XTPLOT と GUIDE

⑩　ファイルに含まれている変数について，変化率などを計算する機能を用意してあります．図 6.4.3 の変数指定画面の下部に

　　　　特別な計算指定は … C

と表示されていました（図 6.4.3 では表示を省略）．C と入力すると，その下に図 6.4.7 のような計算の種類を指定する画面が現われます．

図 6.4.7　計算指定画面

```
         特別の計算指定は ………… C
   変化 … D    変化率 … R    指数 … S    2変数の相対比 … P
```

たとえば，1986 年の平均賃金が 1976 年の平均賃金の何倍になっているかをみたいなら，P を入力します．分子にとる変数，分母にとる変数を指定する行が現われますから，それぞれ 6, 2 と指定すると，指定に応じて「変数 6/変数 2」の値が計算され，「VAR6/VAR2」という名で変数名リストに追加されます．

以降は，他の変数と同様に扱うことができます．

次の図 6.4.8 は，こうして計算した比 VAR6/VAR2 を図示したものです．

この図においては，値 100 のところに横線がひかれています．「目盛り指定」でこのようにすることを指定できます．ためしてみてください．

⑪　③のところでモード 2 を指定した場合も同様に進めることができます．

変数 2 と変数 6 の関係を図 6.4.9 のようにえがくことができます．

ためしてみてください．

⑫　ここで例示した 3 つの図は，いずれも同じ変数対を使っていますが，データの見方に応じて，どの表現法を採用するかを決めるのです．

いいかえると，「プログラムにおける処理の仕方」という意味での使い方ではなく，

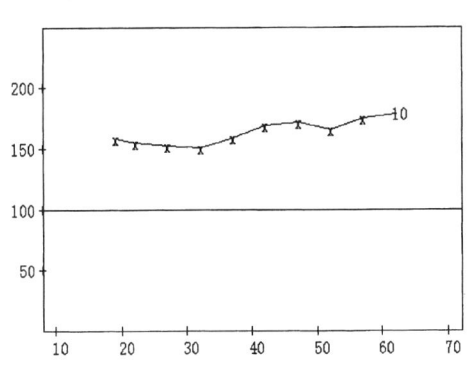

図 6.4.8　比 VAR6/VAR2 の動きを示す図

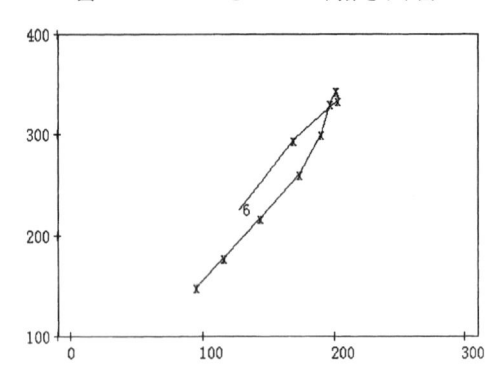

図 6.4.9　VAR2 と VAR6 の関係を示す図

「問題の扱い方」という意味での使い方を考えることが必要となってくるのです．
プログラムに用意されている選択機能は，問題の扱い方を考えて指定すべきことです．

⑬　3番目の例のように横軸に年次以外の変数 X（たとえば収入）をとった場合には，

　　　X が 1% 大きくなったときに Y は何%増えるか（または減るか）

という見方が「変化の説明に有効」なことが多いものです．
　記号でかくと，変化をみるための指標として

　　　$\Delta Y / \Delta X$

を使おうということです．この指標を「弾力性係数」とよびます．
　このような「変化をみるための指標」については，プログラム GUIDE を使った説明文ファイルが用意されています（3.6 節参照）．

⑭　プログラム GUIDE を指定すると，メニュー（図 3.6.2）が表示されますから，その中の「統計 3」を指定してください．この主題のために用意してある一連の説明文ファイル名が表示されますから（図 3.6.3），番号順に指定して，説明文をよんでください．

▶6.5　プログラムの使い方 ── 例：XYPLOT

①　**XYPLOT**　このプログラムは，2 つの変数 (X, Y) の位置を平面上の点で示すグラフ（散布図）をかき，X, Y の関係をみるための補助線を書き込むものです．
　前節の図 6.4.9 でも 2 つの変数を X, Y にとって図示しましたが，2 つの変数対がある系列に対応していることから，その関係をみるために線で結びました．
　しかし，2 つの変数 (X, Y) の関係が線で表わされるとは限りません．「傾向」に注

目すればそれを線で把握できるにしても，各観察単位はそれぞれ「個性」をもちますから，傾向を表わす線からの外れにも注意を向けるべきです．

また，傾向性と個別性を見わけるという観点では，傾向性の見方についても，さまざまな場合がありうることになります．たとえば，(X, Y)の位置を図示して，この「範囲にある」という示し方(図 6.5.1)が考えられます．あるいは，線で示すのは無理だから，若干の幅をつけて，この範囲で動くのが傾向だという示し方(図 6.5.2)がありえます．

② このように「傾向線の定め方はさまざまな考え方がありうる」とすれば，プログラムにおりこむ機能も多くなり，その選択を考えることが必要となります．

UEDA では，その場合，

「一般的に適用してよい機能だけにしぼったプログラムと，特別な場面に限って適用すべき機能をおさめたプログラムを別にする」，

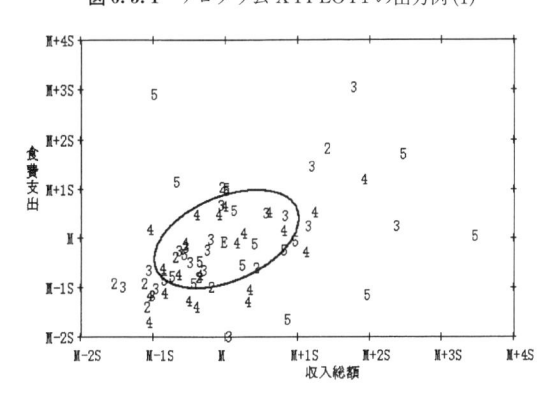

図 6.5.1 プログラム XYPLOT1 の出力例 (1)

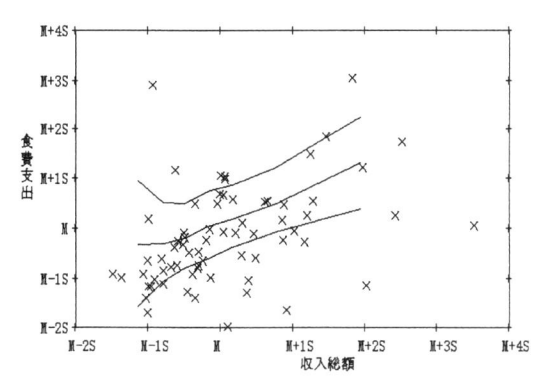

図 6.5.2 プログラム XYPLOT1 の出力例 (2)

あるいは,
　　　ひとつのプログラムでも
　　　「条件をかえて別のプログラムであるかのごとく扱う」
ように設計しています.
　この節で説明するプログラムは XYPLOT は,この考え方で設計されており,
　　　XYPLOT1 と指定して使った場合は,基本的な機能に限定した使い方
　　　XYPLOT2 と指定して使った場合にはフルメニューに対応する使い方
がなされるようになっているのです.
　③　ここでは,XYPLOT1 と指定した場合について説明します.
　プログラムを XYPLOT1 データを REI と指定すると,次のようにタイトル画面が表示されます.

図 6.5.3　プログラムの呼び出し

```
****************************
*          XY の関係表示・要約          *
*               XYPLOT                *
****************************
  XYPLOT1 として使います
  説明文をよむ …………H
```

「…として使います」というメッセージに注意

　Enter キイで進行すると,まず対象データを指定するステップに入ります.
　このプログラムの場合は,
　　　Y,すなわち縦軸にとる変数
　　　X,すなわち横軸にとる変数
を指定します.
　図 6.5.4 のように,データファイルに含まれている変数名が表示されますから,まず Y を指定し,つづいて X を指定します.
　Y として変数1を,X として変数3を指定すると,次の図 6.5.5 がえがかれます.

図 6.5.4　データ指定画面

```
 セットしてあるデータ名が番号つきで表示されます
      1:      食費支出
      2:      雑費支出
      3:      収入総額
      4:      世帯人員
  Y として使うデータを指定 (番号を入力)      1
```

例示では Y として変数1を指定しています.
つづいて,X を指定する画面になります.

6.5 プログラムの使い方——例：XYPLOT

④ このグラフは，最初の表示ですから，いわば「仮表示」です．グラフ表示の基本である目盛りが「仮に」定めてありますから，必要なら調整しましょう．

そのためのメニューが重なっています．

図は，平均値 M，標準偏差 S を使って区切られており，$-3S \sim 3S$ の範囲のデータがプロットされます．範囲外の値は，枠のところに矢印とデータ番号で表示されます．

例示では，右側に範囲外の値がありますから，目盛りの位置を左にシフト（図を左にシフトといっても同じですが）してみましょう．「X 軸を左に」という意味で L と入力すると，表示範囲が $-2S \sim 4S$ となり右の範囲外のデータが図中におさまります．上に外れた値を図中におさめるためには D と指定します．

これでよしとして Enter キイをおすと，次の図 6.5.6 が表示されます．

⑤ この表示には，図に補助線を書き込んだり，マークの仕方をかえることを指定するメニューが重なっています．

メニューの 1 行目がメニューの本体であり，2 行目は現在の状況を示しています．

　　　現在の状況でよければ Enter キイをおせ
　　　現在の状況を変更したければ，変更した上で Enter キイをおせ

ということです．

メニューで指定するのは後にして，とりあえず Enter キイをおしてください．

すると，

　　　補助線は X（かかない，したがって点だけ），
　　　マーク方式は 1（標準，したがってマーク ×）

という指定に対応するグラフ（図 6.5.7）がかかれます（指定を変更していないときに

図 6.5.5 仮表示

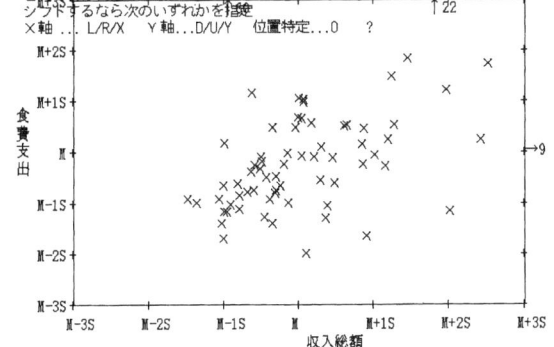

目盛りを指定する画面のついた仮表示．
実際の画面ではカラーで識別できます．

図 6.5.6 位置シフトを指定した結果

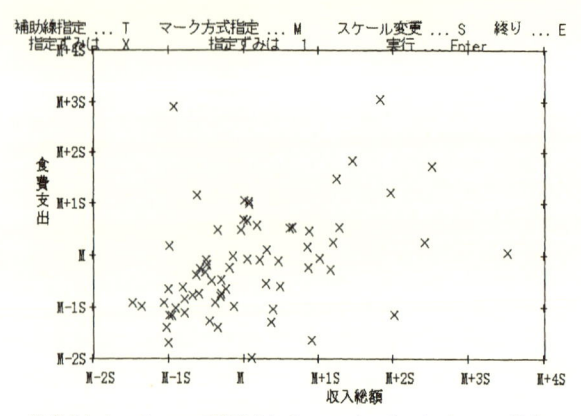

指定されたスケールで描画される．つづいて，オプション指定，そのためのメニューが表示されている．

図 6.5.7 XYPLOT の出力（補助線なし，マーク方式 1）

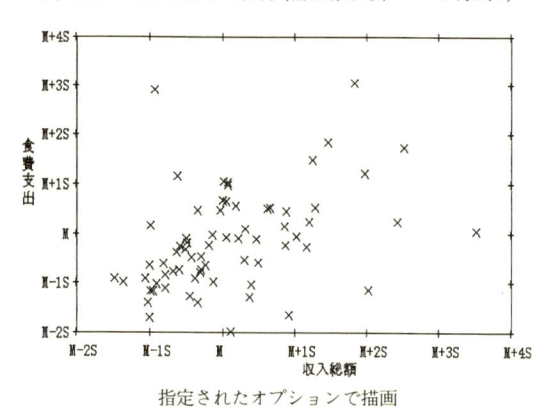

指定されたオプションで描画

は，メニューが消えるだけですが）．

⑥ これが指定に対応する完成図です．
　完成図ですから，メニューは表示されていませんが，Enter キイをおすと
　　　　COPY … Y/N
と表示されますから，Y と入力して，画面のコピーをとることができます．
　その後，
　　　　別の図をかく … C　　終わり … E
と表示され，次の処置を指定できます．
　種々の条件をかえて図を書き換えてみるとよいでしょう．

Cをおすと，図6.5.8のようなメニューが現われます．すなわち，図6.5.6の状態になり，条件を指定して，その条件に対応する図をかけます．

⑦　これまでが，XYPLOTの処理の流れです．メニューの指定によって，補助線の種類やマークの仕方がかわりますが，処理の流れは，これまで説明したとおりです．

図 6.5.8　メニュー画面

```
補助線 … T     マーク方式 … M     スケール変更 … S     終わり … E
　指定ずみは　X　　指定ずみは　I　　実行はEnterキイ
```

⑧　メニューの内容について説明しましょう．

図6.5.8がトップメニューです．

そこに表示されているT, M, Sがメニューの大区分であり，それらを指定すると小区分が表示されます．たとえばSは，グラフの表示範囲を変更する機能を指定するものです．Sを入力すると，図6.5.9が表示されます．

図 6.5.9　Sに対応するサブメニュー

```
X軸 … L/R/X     Y軸 … D/U/Y     位置特定 … O     ?
```

すでに使ったメニューですが，ここで指定または変更できるのです．

L, R, U, Dを指定すると，すでに述べたとおり標準偏差を単位として，左右上下にシフトします．Xを指定するとX＝0の位置が左端となり，Y＝0と指定するとY＝0の位置が右端となります．Oと入力するとそれ以外の指定ができます．

⑨　図6.5.8でTをおすと，データをよむための補助線に関するサブメニューを呼び出します（図6.5.10）．

図 6.5.10　Tに対応するサブメニュー

回帰直線 …………… R	たとえば図6.5.10
平均値のトレース …… M	図6.5.1
集中楕円 …………… S	図6.5.11
点のみ ……………… X	図6.5.8
非公開機能 ………… A	

XYPLOT2と指定して使った場合には，このメニューが細かくなります．

たとえばRを指定すると，図6.5.11のように傾向線が書き込まれます．

データの「傾向を表わす線を書き込んだ」ということですが，もう少し右上がりの

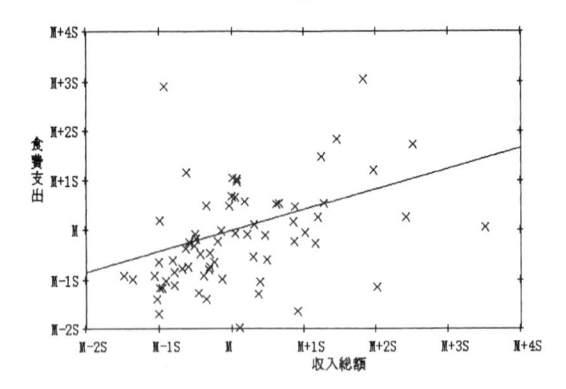

図 6.5.11 回帰直線を書き込んだ結果

線の方がよいという感じがします．

また，傾向線から外れたデータがあるようです．それが何番のデータかを調べてみましょう．

⑩ マーク表示方式 M はこういう場面で使うオプションです．M を指定すると，次のサブメニューが表示されます (図 6.5.12)．

マーク方式 1 が特に指定しない場合に採用される方式 (省略時ルール) で，すべての点をマーク × で表示します．

マーク方式 3 を指定すると，1 点ずつ番号を表示しながら図をかいていきます．右下に離れた点が 7, 9, 44, 51 だとわかるでしょう．この方式は，各点の番号を調べるために使うことを想定していきますから，

　　　　　番号で表示 → Enter キイ → × マークで表示

をくりかえし，最後の図は × 印による表示になります．

図 6.5.12 マーク方式を指定するサブメニュー

```
すべてのデータを  ×マークで表示        1
すべてのデータを   指定マークで表示      2
              指定マークはデータファイルにキイワードで指定しておく
1と同じマークを1点ずつ表示していく     3
2と同じマークを1点ずつ表示していく     4

指定した範囲のデータをデータ番号で表示   5
指定した番号のデータをデータ番号で表示   6
```

最後の図に番号をつけるには，マーク方式 6 を指定します．これを指定すると，図中に示したいデータ番号を指定するように求めてきますから，その求めに応じてたとえば /7/9/44/51/ と入力すると，これらのデータの位置を番号で示した図が得られます (図 6.5.13)．

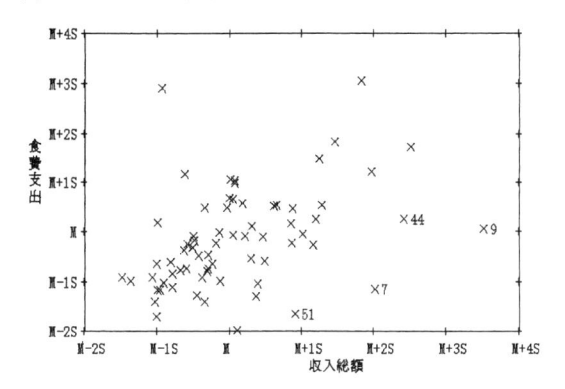

図6.5.13 マーク方式6を適用して右下のデータの番号を表示

マーク方式5によっても同じ図をかくことができます，これを指定すると，画面に＋印のカーソルが現われます．これを矢印のキイで動かし，Enter キイで位置を指定できますから，データ番号を図示したい範囲を示す四角形を指定します．すると，その範囲内の点が番号つきで表示されるのです．

◆注 すべての点を番号で表示する機能は用意されていません．一般には2桁以上の番号になって，点の位置を1つの文字で表現できないためです．番号でなくアルファベットで表現すれば1つの文字で表わせる…そうしたいときには，マークの種類を指定する指定文 OBSID=… を挿入しておき，マーク方式2を指定します．
あるいは，複数の図にわけてかきます．

⑪ XYPLOTを使ってデータの分布を把握する…こういう意味では，図6.5.13のようにして，傾向から外れた観察値の番号を調べた上，傾向から外れた観察値，すなわちアウトライヤーだと判断したら

　　　アウトライヤーを除いて図をかく

ことを考えましょう．

図6.5.13に示した4つのデータを除いて図をかきたい…それには，そうせよという指定文をデータセットに書き込みます．

プログラムXYPLOT1をいったん終了してメニューにもどり，プログラムDATAEDITを使って，データファイル(使っていた作業用ファイルWORK)に，キイワード DROP=/7/9/44/51/ を挿入するのです(図6.5.14)．

図6.5.14 DROP指定を書き込む

```
DATA VAR=
DATA NOBS=68
DATA DROP=/7/9/44/51/
DATA …
```

図 6.5.15 外れ値を除いてかいた傾向線

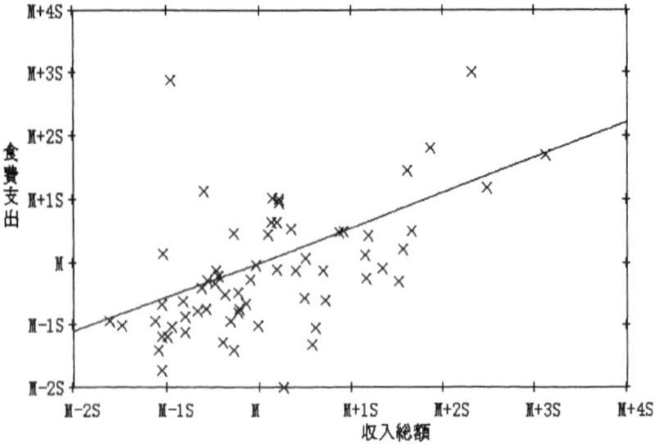

プログラム DATAEDIT を呼び出し，作業用ファイルを使うと指定すると，その内容が表示されますから，そこにこのキイワードを挿入し，Esc キイをおすと，これを書き込んだ新しい作業用ファイル WORK.DAT ができますから，このデータに対して XYPLOT1 を適用するのです．今キイワードを挿入したデータを使うのですから，データは WORK と指定します．

以降は，図 6.5.11 の場合と同じ手順で図 6.5.15 がえがかれます．

図 6.5.11 に対応する図ですが，DROP で指定した右下の 4 点が除かれていることを確認してください．傾向線は，右下の 4 点を除いたことに対応して，その傾斜が大きくなっています．

アウトライヤーを除くこと，傾向を把握することを切り離すことができず，例示したような手順をくりかえすことによって浮かび上がってくるのです．

⑩ ただし，「アウトライヤーだから除く」とはっきり断定できないケースがあるでしょう．そういう場合には「これが傾向線だ」とはっきりいいにくい…よって，1 つの線で表現するかわりに「ある幅をつけて傾向を示す」ことが考えられます．最初にあげた図 6.5.2 がこれにあたります．

⑪ また，X 軸にとるデータと Y 軸にとるデータの種類によっては，図 6.5.1 のように「データの存在範囲を示す」という表わし方 (メニューの集中楕円) も考えられます．

⑫ このプログラムでは種々のグラフをかくことができますが，それを目的とするものではありません．グラフをかくという手段を使って，データが示す傾向をよみとる…そういう分析手段を与えるプログラムです．

したがって，

      X, Y の関係をプロットしてみる　　　　図 6.5.6

      → 傾向線を求める　　　　　　　　　　図 6.5.11

      → 傾向線では説明できないデータがある

　　　　→ それらのデータ番号を調べる　　　　図 6.5.13
　　　　→ それらを除いて傾向線を求める　　　図 6.5.15
　こういう使い方を想定した分析手順だとみてください．このプログラムの内容に関しては，第 2 巻『統計学の論理』を参照してください．

　⑬　このプログラムで示した図のうち「傾向線」については，「回帰分析」とよばれる手法を適用して，X にあたる変数（説明変数とよぶ）を 2 つ以上組み合わせて使う方向に進めることができます．

　よく採用される分析手法ですから，REG01, REG02, … として一連のプログラムを用意してあります．この手法に関してはくわしい解説が必要ですから，第 3 巻『統計学の数理』を参照してください．

▶6.6　プログラムの使い方 —— 例：GRAPH01

①　GRAPH01 は，一般的なグラフをかくプログラムです．
このグラフでは，
　　　　グラフの仕様を記述した文を用意しておけば，
　　　　プログラムがその記述に応じたグラフを描画する
形になっています．いいかえると，
　　　　プログラムに対して要求を伝える入力を，
　　　　プログラムの進行と切り離して，それを使う前に与える
ことになっているので，仕様を記述する文の書き方を知れば，
　　　　プログラムを動かしてから入力するなどの操作はいらない
のです．

②　UEDA では
　(1)　「記述文の例」を指定して GRAPH01 を使うことによって，GRAPH01 の機能のあらましを知る
　(2)　プログラム GRAPH_H を使って，「仕様記述文の書き方」を知る
　(3)　用意した仕様記述文にしたがって，グラフをかく
という形を想定してプログラムを組み立てています．

◆注 1　グラフの仕様記述に用いるキーワードは，付録 C にリストしてあります．
◆注 2　これらのキーワードを使って用意した仕様記述文は，拡張子 .GRP をもつファイル名をつけて，フォルダ ¥UEDA¥DATA¥REI¥GRAPH に記録しておくと，プログラム GRAPH01 を使って描画できます．
◆注 3　また，説明文と一緒に記録し，拡張子 .BUN をもつファイル名でフォルダ ¥UEDA¥PROG¥GUIDE に記録しておくと，プログラム GUIDE によって説明文の中で描画できます．このような使い方については付録 A および B を参照してください．

　これらのすべてをここで説明することはできません．グラフそのものの使い方を含

めて解説した別のテキスト(第4巻『統計グラフ』)を用意してありますから,それを参照してください.

ここでは,(1)のステップに限定して,GRAPH01の使い方を説明しておきます.まず「このプログラムでどんなグラフがかけるか」…それを示そうという趣旨です.

③　MENUでGRAPH01を指定すると,このプログラムが呼び出されます.

このプログラムを使うには,①に述べたように,グラフの仕様記述文を用意しておくのですが,ここでは,用意してある「典型的な例」を使ってみましょう.

GRAPH01を呼び出すと,まず,仕様記述をおさめたファイル名を指定するように求めてきます(図6.6.1).

図 6.6.1　記述文ファイルの指定

```
グラフ仕様を記述したファイル名を指定
        例示を使うときは …… REI
                                    /
```

例示を使うものとすれば,これに対してREIと応答してください.

すると,次のように,例示用ファイルのリストが表示されます(図6.6.2)から,どれかの記号を選びます.

図 6.6.2　例示用ファイル

```
基本例 …………… K
棒グラフの例 …………… B
帯グラフの例 …………… O
線グラフの例 …………… S
点グラフの例 …………… T
オプション指定の例 …… X
        終わり ……… E
```

図 6.6.3　用意してある記述例

```
棒グラフの例

1  例1  DEFAULT RULE を適用した例
2  例2  すべてのキイワードを使った例
3
4
5  例5  データの与え方
6
7
8
```

④　どの例についてもいくつかの「記述例」を含んでおり,そのタイトル(GRAPH文の右辺)を番号つきで表示しますから,どれを使うかを番号で指定します.番号順に指定していくと,体系づけて学習できます.

図6.6.3は,棒グラフを指定した場合の例(その一部)です.

番号を指定すると,その分の「仕様記述文」が表示されます.いずれも数行の短い文です.よんだ後,Enterキイをおしてください.すぐに,その記述に対応するグラフがえがかれます.

⑤　以下に,8つの例のうち3つについて,仕様記述文とそれに対応する出力を示しておきましょう.

図 6.6.4 GRAPH の仕様記述例 (1) とその出力

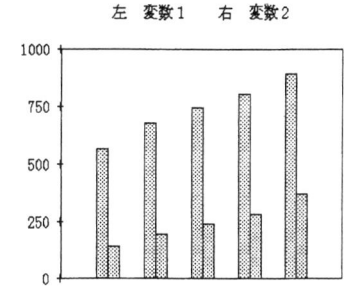

```
GRAPH. ボウ＝例1　DEFAULT RULE を適用した例
NOBS＝5
NVAR＝2
VAR(1)＝/567/679/744/804/890/
VAR(2)＝/141/196/242/282/370/
SCALE＝/0/250/500/750/1000/
```

図 6.6.5 GRAPH の仕様記述例 (2) とその出力

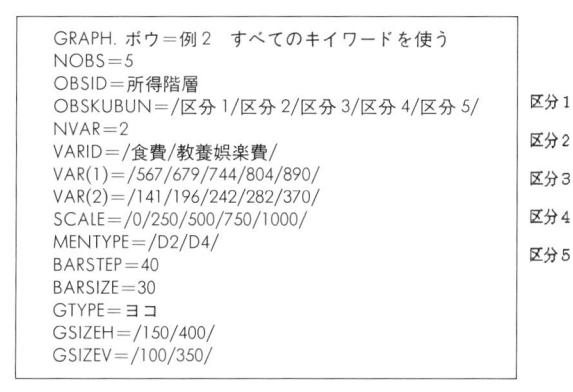

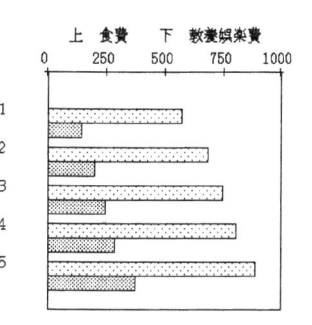

```
GRAPH. ボウ＝例2　すべてのキイワードを使う
NOBS＝5
OBSID＝所得階層
OBSKUBUN＝/区分1/区分2/区分3/区分4/区分5/
NVAR＝2
VARID＝/食費/教養娯楽費/
VAR(1)＝/567/679/744/804/890/
VAR(2)＝/141/196/242/282/370/
SCALE＝/0/250/500/750/1000/
MENTYPE＝/D2/D4/
BARSTEP＝40
BARSIZE＝30
GTYPE＝ヨコ
GSIZEH＝/150/400/
GSIZEV＝/100/350/
```

図 6.6.4 の例は，最小限の仕様記述文を指定してかいた例です．

右側がその出力ですが，棒の配置や模様わけはすべて，プログラムで用意してある省略時ルールを採用しています．

記述文で指定しているのは，2〜5行目が「グラフ化するデータ」，6行目が「軸のスケール」ですから，当然指定すべきものです．

もちろん，棒の配置や模様わけも指定できますが，表現にこだわらなければ，これだけの記述ですむのです．

⑥　図 6.6.5 は，用意してあるすべてのキイワードを使った例です．

ここで使っているキイワードについては，付録Cに示してありますが，出力と対照すれば，推察できるでしょう．

2〜8行目までがデータを指定する部分で，それ以下

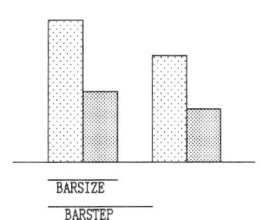

が図の設計に関する部分です．

13～15 行目でグラフのサイズとレイアウトを指定し，11～12 行目で BAR すなわち棒の幅と間隔を指定しているのです．

10 行目は，MEN すなわち面をぬりつぶす模様を指定しています．

この部分は，接続されている表示装置の解像度に依存します．この例示は 640×400 ドットの画面を使う場合です．

⑦　これまでの2つの例では，対象データを指定文の中に記述しています．データ量が少ない場合が多いのでそうする方法を採用したのですが，UEDA の他のプログラムのように，データベース中のデータを使うこともできます．

その形にしたのが，次の例です (図 6.6.6)．

図 6.6.6 (a)　GRAPH の仕様記述例 (3)

```
GRAPH．ボウ＝例5　データの与え方
NOBS＝47
OBSKUBUN＝/01/////06/////11/////16// (以下省略しています)
NVAR＝1
VARID＝/人口あたり病院数/
VAR(1)＝＊VAR3
SCALE＝/(M-3S)/M-2S/M-S/[M]/M+S/M+2S/(M+3S)/
SIZEH＝/80/630/
SIZEV＝/100/350/
END

＊VAR3
DATA   VAR＝人口あたり病院数
DATA   NOBS＝47
DATA   1492, 1494, 1419, 1281, 1300,  974, 1354,  906, 1061,  919
DATA    590,  728,  998,  738,  959, 1317, 1561, 1297, 1030, 1093
DATA    884,  789,  914, 1046,  884, 1161,  845,  880,  841, 1197
DATA   1449, 1137, 1298, 1061, 1161, 1502, 1524, 1336, 2267, 1523
DATA   1566, 1398, 1414, 1393, 1342, 1372,  452
DATA   END
```

図 6.6.6(b)　例 (3) の出力

人口あたり病院数

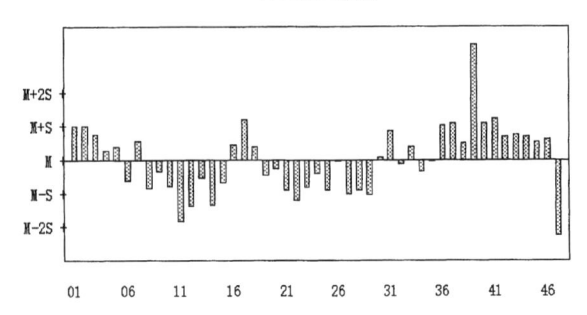

6.6 プログラムの使い方——例：GRAPH01

対象とするデータは，キイワード DATA を使って記述されている部分です．この部分は UEDA のデータ記録形式になっています．したがって，それをそのままの形式で引用するのです．

データ部分のはじめと，グラフの仕様記述の中に，引用することを指定するためにキイワード *VAR3 をおいています．VAR3 の 3 は任意の番号ですが，対応づけるために同じ番号とします．

この例では，観察単位数が多くその名称をすべて画面に表示できないので，途中を省略して 1, 6, 11, 16, ⋯, 46 のみを表示するように指定しています．

また，スケールを平均値と標準偏差を使って指定しています．

⑧ グラフが表示されたとき Enter キイをおすと，画面上部に次のメニュー（図6.6.7）が現われます．ただし，例示を指定した場合はこのメニューは表示されず，図 6.5.8 にもどります．

メニュー画面（図 6.5.8 の再掲）

```
補助線 … T    マーク方式 … M    スケール変更 … S    終わり … E
指定ずみは   X   指定ずみは   1    実行は ENTER キイ
```

図 6.6.7　処理指定メニュー

```
オプション … O    コピー … C    別グラフ … N    終わり … E
```

このメニューの O を指定すると，サブメニュー（図 6.6.8）が現われ，種々のオプションを実行できます．

C をおすと画面のコピーがとれます．

N をおすと，図 6.5.8 にもどり，同じファイルの別の仕様指定文によるグラフをかくことができます．

E をおすと，GRAPH を終了し，メニューにもどります．

図 6.6.8　オプション指定メニュー

```
仕様変更 … A    短文記入 … B    飾り … C    メニュー … Enter
```

⑨ 「オプション」のサブメニュー（図 6.6.8）は，仕様記述文には含まれていないオプションを指定するものです．たとえば，

　　　グラフをかいた上で指定する方がよい場合
　　　あらかじめ指定しておいた仕様を調整したい場合

などがありますから，このサブメニューが用意してあるのです．

　A：「仕様変更」を指定すると，「仕様記述文」を変更し，それに応じて変更さ

れたグラフが表示されます．
　B： 「短文記入」を指定すると，たとえばグラフの中にコメント文などを書き込むことができます．
　C： 「飾り」を指定すると，次の詳細メニューが表示されます（図6.6.9）．

図6.6.9　飾り指定メニュー

| 線…1 | 枠…2 | 網掛け…3 | 消しゴム…4 | 複写…6 | 矢印…8 |

⑩　メニューからうかがえるように，グラフに線などを書き足したり，グラフの要素などの位置をかえたりするものです．
どの場合も基本的な操作は同じで，
　　矢印のキイで範囲または位置を指定し，
　　Enterキイで確認すると，実行される形
ですから，次の操作要約をみながら，使ってみればわかるでしょう．
使いやすい順に示しておきます．

消しゴム
　［2点を指定］
　カーソル移動→Enter→カーソル移動→Enter

線
　［線種指定］　　　［2点を指定］
　数字入力→Enter→カーソル移動→Enter→カーソル移動→Enter

枠
　［線種指定］　　　［2点を指定］
　数字入力→Enter→カーソル移動→Enter→カーソル移動→Enter

網掛け
　［濃淡度指定］　　［枠の有無指定］　　［2点を指定］
　数字入力→Enter→数字入力→Enter→カーソル移動→Enter→カーソル移動→Enter

矢印
　［先の位置指定］　　　［向きの指定］　　　［元の位置指定］
　カーソル移動→Enter→矢印のキイ→Enter→カーソル移動→Enter

複写
　［左上指定］　　　［右下指定］　　［確認］　　［移動先の指定］［確認］
　カーソル移動→Enter→カーソル移動→Enter→Esc→カーソル移動→Enter→Esc
　　　　　　　└──── 必要ならくりかえす ────┘　　　　└── 必要ならくりかえす ──┘

⑪　**短文入力**　グラフ中におく短文を入力し，それを，画面の指定位置に表示し

ます．

その操作は次の順に進めます．

  ［文字入力］ ［レイアウト指定］ ［位置指定］

  文字入力 → Enter → 数字入力 → Enter → カーソル移動 → Enter

⑫ **仕様変更** セットされている「グラフ仕様記述文」が表示されますから，その加除訂正を行ない，グラフを書き換えます．

その操作は次の順に進めます．

 1. ↑ または ↓ のキイによって，反転箇所が移動します．
   画面に入っていない部分もスクロールされます．
 2. 対象とする行が反転表示になったときに
    Ins キイ … 反転箇所の次に行を挿入
    Del キイ … 反転箇所の行を削除
    BS キイ … 反転箇所の行をおきかえ

のいずれかを指定できます．

指定を確認したら，次のように進行します．

  削除の場合   確認すれば，すぐに実行されます．
  挿入の場合   反転した行の次に空白行が挿入されます．
         そこに，行を入力します．
  おきかえの場合 反転した行の次に，同じ行が複写されます．
         その行を訂正します．

入力あるいは訂正の操作は，入力手順 LEDIT を参照してください．

入力あるいは訂正した行を確認して Enter キイをおすと，挿入あるいはおきかえが実行されます．

つづいて他の行についても加除訂正できます．

加除訂正が終わったら，Esc キイをおしてください．グラフが書き換えられます．

⑬ これらのオプションを指定した例をあげておきましょう（図 6.6.10）．

図 6.6.5 に示す仕様記述で描画した上，オプション C の 3 および B を指定して，

図 6.6.10 画面操作でオプションを適用した例

網掛けと説明文書き込みを行なった結果です．

⑭ 画面上で指定したオプションについては，その内容を記述する文が，自動的に，グラフ仕様記述文につけ加えられます．

したがって，その記述文をセーブしておけば，その部分も含めて，自動的に再現されます．

▶6.7 プログラムの使い方
―― 例：CTA01A, CTA03, CLASS

① この節では，表 6.7.1 に例示したような「意識調査」の結果を扱うプログラムの一例として CTA01A について説明しましょう．

表 6.7.1 意識調査のデータ例

年齢区分	調査項目区分					
	T	A_1	A_2	A_3	A_4	A_5
T	1730	330	320	300	280	500
B_1	350	0	40	60	130	120
B_2	240	10	20	50	70	90
B_3	280	40	40	60	40	100
B_4	300	90	60	50	20	80
B_5	290	100	80	40	10	60
B_6	270	90	80	40	10	50

項目 A
- A_1：家庭
- A_2：子供
- A_3：暮らし
- A_4：余暇
- A_5：仕事

年齢区分
- B_1：15～19
- B_2：20～24
- B_3：25～29
- B_4：30～34
- B_5：35～39
- B_6：40～44

② この表は「どんなときに生きがいを感じるか」という問いに対する答えを 5 つの回答区分にわけ，それを年齢区分別に比較したものです．

各年齢区分の対象者数が異なるので，100 人あたりに換算した「構成比」の形にして比較します（表 6.7.2）．

表 6.7.2 構成比の比較

項目 Bの区分	項目 A の区分					
	T	A_1	A_2	A_3	A_4	A_5
T	*	19	18	17	16	29
B_1	*	0	11	17	37	34
B_2	*	4	8	21	29	37
B_3	*	14	14	21	14	36
B_4	*	30	20	17	7	27
B_5	*	34	28	14	3	21
B_6	*	33	29	15	4	19

図 6.7.3 構成比比較のためのグラフ

また，構成比を比較しやすくするために，たとえば図 6.7.3 のような図をかきます．

③ これによって，生きがい観が年齢によってどうちがうかを説明できるようですが，「年齢とともに区分…の値が大きくなり，区分…の値が小さくなる」という言い方について注意を要する点があります．

たとえば，表には，値 34 が 2 か所あります．これらを「同じ大きさ」と解釈することは妥当でしょうか？

これらの数値は，回答区分のどれか 1 つを選択させた結果として決まる値です．したがって，質問用語や回答区分の定義に依存する数字です．

このため，表の数字を縦方向にみる分には，同じ定義の数字の比較ですから，問題ありませんが，

　　　　横方向に比べるときには，列ごとに大小を判断する基準が異なる

のです．すなわち，回答区分 A_1 については，対象全体でみた場合 19 ですから，区分 B_5 の数字 34 は**ほぼ標準の倍**だとよみ，回答区分 A_5 については，全体でみた場合 29 ですから回答区分 B_1 の数字 34 は**ほぼ標準並み**だとよむのです．

④ このような読み方を要するとすれば，表の数字を，そういう読み方が容易にできるような数字におきかえておくべきです．たとえば，

表 6.7.4 特化係数

年齢区分	項目 A の区分					
	T	A_1	A_2	A_3	A_4	A_5
T	∗	∗	∗	∗	∗	∗
B_1	∗	0.00	0.62	0.99	2.29	1.19
B_2	∗	0.23	0.45	1.20	1.80	1.30
B_3	∗	0.75	0.77	1.24	0.88	1.24
B_4	∗	1.57	1.08	0.96	0.41	0.92
B_5	∗	1.81	1.49	0.79	0.21	0.72
B_6	∗	1.75	1.60	0.85	0.23	0.64

表 6.7.5 特化係数をよむグラフ

年齢区分	項目 A の区分					
	T	A_1	A_2	A_3	A_4	A_5
T						
B_1		--	--	・	++	・
B_2		--	--	+	++	+
B_3			−	+	・	+
B_4		++	・	・	--	・
B_5		++	+	・	--	--
B_6		++	++	・	--	--

++　1.5 以上
+ 　1.2 ～1.5
・ 　1/1.2～1.2
− 　1/1.2～1/1.5
-- 　1/1.5 以下

「各区分でみた構成比」が「全体でみた構成比」の何倍にあたるかを示すために，

　　　構成比の相対比

を計算しておきます．

これを「特化係数」とよびます．

例示したデータの場合，表6.7.4のようになります．

⑤　これによって，

　　　特化係数がほぼ1　　　1より大　　　　　1より小
　　　　→ ほぼ標準並み　　→ 標準より大　　→ 標準より小

とよむわけです．

　この読み方なら，縦方向にも横方向にも同等に適用できますから．表示された情報の説明が，しやすくなります．

⑥　この特化係数は，各集団の特徴を摘出するためのステップとして計算したものであり，数値の細かい差を云々することは必要ありません．

したがって，「特徴を視覚に訴える」ために表6.7.5のように図示することが考えられます．特化係数の値を「5段階評価値におきかえたもの」だといってもよいでしょう．

この表では，

　　　大きい方を"大きい"と"やや大きい"に，
　　　小さい方を"小さい"と"やや小さい"に

それぞれ二分し，表に付記した5区分のマークを使っています．

⑦　以上述べてきた手続き，すなわち，

図6.7.6　使うデータセットの指定

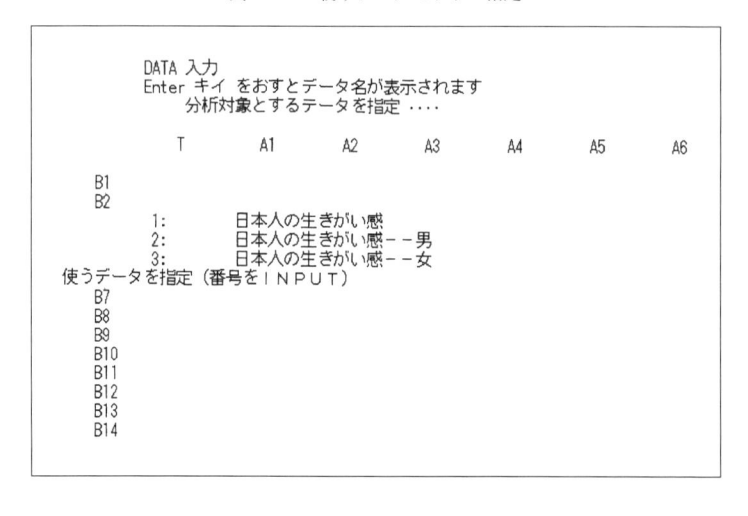

```
        DATA 入力
        Enter キイ をおすとデータ名が表示されます
            分析対象とするデータを指定‥‥

                T      A1     A2     A3     A4     A5     A6

        B1
        B2
            1:      日本人の生きがい感
            2:      日本人の生きがい感－－男
            3:      日本人の生きがい感－－女
        使うデータを指定（番号をINPUT）
        B7
        B8
        B9
        B10
        B11
        B12
        B13
        B14
```

図 6.7.7 処理内容指定画面

```
データ   XAB    構成比  PA/B (マタハ PB/A)   特化係数  PA*B
グラフ   G              別データ   D        終わり   E

         T        A        B        C         D         E
  1    350.000   0.000   40.000   60.000   130.000   120.000
  2    240.000  10.000   20.000   50.000    70.000    90.000
  3    280.000  40.000   40.000   60.000    40.000   100.000
  4    300.000  90.000   60.000   50.000    20.000    80.000
  5    290.000 100.000   80.000   40.000    10.000    60.000
  6    270.000  90.000   80.000   40.000    10.000    50.000
```

　　　　基礎データ ⇒ 構成比 ⇒ 特化係数 ⇒ パターン表示
　　　（表 6.7.1）　（表 6.7.2）（表 6.7.4）（表 6.7.5）
と情報を整理していくことによって
　　　　"データが示す特徴を見出す"
のが，質的データの分析手法の骨組みです．
　この分析手順を実行するためには，プログラム CTA01A を使います．
　⑧　メニューでプログラム CTA01A のデータとして DP10 を指定してください．このデータファイルには，表 6.7.1 に示した男のデータの他に，女のデータ，男女のデータを一括したデータも記録されています．
　プログラム CTA01A の最初に，図 6.7.6 のようにどのデータセットを使うかを指定する画面が現われますから，2 を入力してください．
　⑨　男のデータが表示され，その上部に図 6.7.7 のメニューが現われます．
　ここで PA/B と入力すると構成比（表 6.7.2）が，また，PA∗B と入力すると特化係数（表 6.7.4）が表示されます．記号で入力するようになっているのは，「それぞれの指標の意味を把握して使う」ことを意図しているためです．
　これらを計算した後 G と入力すると，構成比のグラフ（図 6.7.3：形式はちがうが同じもの）と特化係数のグラフ（表 6.7.5）が表示されます．
　E を入力すると，終了する前にプリント出力することができます．
　⑩　同じ手順で女の場合についても計算してみてください．男の場合と比べて区分 A_2 の構成比が小さいというちがいがみられますが，年齢によってかわることは同じです．
　「各区分での構成比に言及する」ことと，「いくつかの区分での構成比のちがいの大小に言及する」こととはちがいますから，注意しましょう．
　◆注　構成比のグラフとしては種々の表わし方がありえます．たとえば CTA01B を使うと，レーダチャートとよばれる表現法を使うことができます．

　⑪　「質的データ解析」のプログラムとしては，「構成比のちがいの大小」を測るた

めに「情報量」とよばれる指標を使います．

例示の場合についてこれを計算すると，右の3行目，4行目に示す値が得られます．その他の値も表示されています．

　比較1　男女年齢のすべての区分を比較
　比較2　男女区分を比較
　比較3　男について年齢区分を比較
　比較4　女について年齢区分を比較

に対応する情報量であり，比較の意味からいうと

　　　比較1＝比較2＋比較3＋比較4

と分解されることに対応して，情報量も

　　　1246.0＝178.2＋537.2＋530.5

と分解されます．

情報量はプログラムがCTA03Xを使って計算されますが，情報量という概念の説明が必要ですから，第6巻『質的データの解析』を参照してください．

⑫　こういう関係が成り立っていることを利用して，「差の大小を考慮に入れた説明」を展開できることになります．

また，大きい表を扱う場合，「差の小さい部分」を集約して小さい表にまとめることも考えられます．たとえば「多次元データ解析」のひとつである「クラスター分析」はこの考え方を基礎とする分析手段です．

たとえば，表6.7.9に示すデータにおけるBの10区分を3区分にまとめるものとした場合，「まとめたことによってロスが発生する」が「そのロスが最小になるようにする」には，表6.7.10のようにせよ…こういう分析を，プログラムCLASSを使って行なうことができます．

表6.7.8 基礎データの分解と情報量

比較	情報量
比較1	1246.0
比較2	178.2
比較3	537.2
比較4	530.5

表6.7.9 10区分での構成比

区分	構成比				
T	12	19	20	37	13
1	14	18	27	23	18
2	9	17	31	24	19
3	16	21	19	27	17
4	16	22	19	28	15
5	15	22	20	32	12
6	8	14	26	37	14
7	8	13	18	53	8
8	6	15	17	54	8
9	11	21	17	40	11
10	16	25	16	32	10

表6.7.10 クラスター分析を適用して3区分に集約

区分	構成比				
T	12	19	20	37	13
1⎤ 2 6⎦	10	16	27	31	18
3⎤ 4 5 9 10⎦	15	22	18	32	13
7⎤ 8⎦	9	14	17	53	8

これについては『質的データの解析』の中の「クラスター分析」の章を参照してください．よりくわしい解説は第7巻『クラスター分析』の方にあります．

これは「東京都各区の住民の職種構成」に注目して，10区(例示では簡単化して10区としている)をタイプわけしようという問題です．

この集約によって情報量は98.5から74.5に減少するが，これは，3区分に集約する方法のうち「最もロスの少ない」集約であるという結果です．

7 プログラムの使い方 (3)
——データファイル関係

この章では，UEDA 用のデータ入力，データベースの検索，分析に使うための編成などを行なうプログラムについて説明します．

▶7.1 データベース検索プログラム —— TBLSRCH

① UEDA には，いくつかのデータベースが用意してありますが，例示用データベースと，一般用データベースが基本です．

例示用データベースは，UEDA の各プログラムの典型的な使い方を説明するために用意した例題用データファイルを収録したものです．

これに対して，一般用は，テキストの問題用として，あるいは，それに準ずる使い方をすると有効と判断されるデータを収録したものです（筆者が授業や研究で使用したものも含まれています）．

このため，例示用データベースは「すぐにプログラムで使える形」になっているのに対して，一般用データベースのデータファイルは，問題の扱い方などに応じて，「データを編成替えする」あるいは「データセット中にキイワードを付加する」などの作業が必要となる場合がありますが，それゆえに，広く使えるものです．

② 基礎データの説明は，各データファイルに記録されています．大部分は，国の統計機関の刊行する統計書から引用したものです．学習用という意味で役立つものという選択基準を採用していますから，必ずしも最新のデータが収録されているとは限りません．

また，基礎データの桁数をかえたり，表の一部を選択した場合もあります．

したがって，これらのことが問題になる場合には，原資料を参照してください．

③ プログラム TBLSRCH は，一般用データベースに収録されているデータファイルを検索し，作業用ファイル WORK.DAT に書き出すプログラムです．

このプログラムでは，データファイルの内容や編成形態を変更しません（それを行

7.1 データベース検索プログラム —— TBLSRCH

なうには別のプログラムを使います)が，統計処理プログラムの方でデータを改変する場合がありますから，WORK.DAT を使うのです．

④ このプログラムを指定すると，まず対象とするデータベースの種類を指定するように求めてきますが，「一般のデータベース」を指定してください．

```
対象は一般データ    ……1
      県別データ    ……2
      メッシュデータ ……3
```

それ以外のものについては，オプションとして添付したものですから，付録の説明を参照してください．

⑤ データベースを指定すると，図 7.1.1 のように，データベースに収録されているデータファイルの「ファイル名」，「データタイプ」，「データ名」が表示されます．

図 7.1.1　データベース検索画面

```
DA01    (V) 人口数およびその将来推計
DA10    (S) 滋賀県市町村別人口データ(4年分)
DA20    (S) 大阪市周辺市町村別人口データ
DB10    (S) 京都府市町村の年齢別人口
DD10    (V) 東京周辺各県の人口変化
DD11    (V) 東京周辺の距離帯別人口
DD20    (V) 横須賀市の人口推移
DD30    (S) 京阪神間の市町村に常住する就業者の通勤先
DD40    (S) 大阪奈良の市町村に常住する就業者の通勤先
DD50    (S) 滋賀県に常住する就業者の通勤先
DD60    (S) 大阪市への通勤通学者数の推移
DD70    (S) 大阪市への通勤通学者数の利用交通機関
DE01    (S) 賃金月額の分布(年齢・性別・製造業計)
DE02    (S) 賃金月額の分布(年齢・性別・製造業規模別)
DE02V   (V) 賃金月額の分布(年齢・性別・製造業規模別)
DE03    (S) 賃金月額の分布(年齢・性別・製造業計)
DE03V   (V) 賃金月額の分布(年齢・性別・製造業計)
DE11    (S) 賃金月額(疑似個別データ)
DE12    (S) 賃金月額(疑似個別データ)
データ本体を表示 … D       WORK に出力 … W
データ定義を表示 … H                終わり … /
```

反転箇所を矢印キイで移動し，対象データを指定．
それについての処理を指定．

最初は1行目がカラー表示になっています．このカラー表示の箇所が矢印のキイで動きますから，使いたいデータファイルの箇所で，W と入力すればよいのですが，その前に，画面の下部のメニューをみてください．

検索する前に，各データファイルの収録データについて，その定義や内容を確認できるようになっています．

⑥ データの定義などをみるためにはHを入力します．図 7.1.2 は H を入力したときに表示される「データ説明」の例です．

ここに例示したように，実際のデータを使うときには，「いつの」，「どこの」など

知っておくべき点があります．詳細は「基礎データの原資料」をみるべきですが，データベースにおいても，最小限必要な点を明示しておくことが必要ですから，UEDA のデータベースでは，例示した形式で，データ本体の前に記録することとしているのです．

図 7.1.2　データの定義などの表示例

```
**********************************
*       賃金月額の分布(年齢・性別　製造業)      *
*            DE01                      *
*   変数    賃金月額階級別人数(分布)           *
*           変数値の階級区分　24              *
*           性別　3区分(計/男/女)             *
*           年齢別　8区分(20-24/25-29/30-34/…/50-54/) *
*       対象　製造業　規模計                  *
*       年次　75年/85年/83年                 *
*                       [労働省 賃金センサス]  *
**********************************
```

⑦　データ本体をみるためには D と入力します．
1つのデータファイルに 2 つ以上のデータセットが含まれている場合がありますから，まず，そのデータファイルに含まれるデータセット名が図 7.1.3 のように表示されます．

図 7.1.3　ファイル中のデータ選択指定画面

```
1   SET = 賃金月額の分布/年齢別/男/製造業/規模計/86 年
2   SET = 賃金月額の分布/年齢別/男/製造業/規模 1000 人以上計/86 年
3   SET = 賃金月額の分布/年齢別/男/製造業/規模 100-1000 人計/86 年
4   SET = 賃金月額の分布/年齢別/男/製造業/規模 10-100 人計/86 年
5   SET = 賃金月額の分布/年齢別/男/製造業/規模計/85 年
6   SET = 賃金月額の分布/年齢別/男/製造業/規模 1000 人以上計/85 年
7   SET = 賃金月額の分布/年齢別/男/製造業/規模 100-1000 人計/85 年
8   SET = 賃金月額の分布/年齢別/男/製造業/規模 10-100 人計/85 年
    データ全部…A　　一部を選択…S　　指定終わり…/
```

A と入力するとそれらがすべて，対象とされます．一部を選ぶときには，各行ごとに S を入力することによって対象を指定します(S と入力した指定を取り消すときには N を入力)．
「/」を入力すると，指定されたデータセットの内容を画面に表示します．
⑧　W を指定した場合も，D を指定した場合と同様に，指定されたデータファイルに 2 つ以上が含まれているときには図 7.1.3 による指定を経由して，データファイル中の指定されたデータセットを，作業用のファイル WORK.DAT としてフォルダ ￥UEDA￥WORK に記録されます．

したがって，それを使うときには，MENUのデータ指定画面でWORKと指定します．

各プログラムではこのWORK.DATを使います．各プログラムでWORKファイル中のデータを選択できるようになっていますが，はじめから使わないとわかっているものは，検索の段階で落としておく方が扱いやすいでしょう．

⑨　データベースから検索したデータセットをそのままの形で使うのでなく

　　　2つ以上のデータセットを結合して使う

　　　変数変換を適用する（たとえばXのかわりにlog Xを使う）

　　　特別の使い方を指定するキイワードを書き込む

などの処理を適用するには，7.4節以降に説明するプログラムFILEEDIT，VARCONVあるいはDATAEDITを使います．

▶7.2　データ入力プログラム ── DATAIPT

①　UEDAには，統計データなどを入力してUEDAで使えるデータセットを編成するためのプログラムがいくつか用意されています．

Windowsに付属しているワープロやエディターを使うこともできますが，UEDAのプログラムを使うと，データ本体の入力とともに，UEDAのプログラムで使うために必要なキイワードをつけ加えて出力するようになっていますから，これを使ってください．

DATAIPTは，そのひとつです．

②　UEDA用のデータは，4.1節に示した3つのタイプを区別しますから，このプログラムでは，まず，そのタイプを指定します．

その指定に応じて，データ名などの入力画面（図7.2.1の左側）になります．

図7.2.1　Vタイプのデータ指定画面と指定例

```
データのタイプ/名称/区分数を指定           データのタイプ/名称/区分数を指定
データタイプ ……V/S/T                      データタイプ ……V/S/T        V
  観察単位区分の名称……                      観察単位区分の名称……      年齢
    区分数………………<100                        区分数………………<100    5
  変数の数………………<10                      変数の数………………<10      2
  変数の名称………………                        変数の名称………………      身長
                                                                      体重
```

入力例（図7.2.1の右側）は，年齢区分別6区分について，平均身長と平均体重を使う場合を想定しています．入力箇所に緑の / マークが表示されますから，その箇所に入力していけばよいのです．この例の区分数のように，許容される範囲を示している場合がありますから，注意してください．観察単位や変数の名称など，文字で入力

する箇所では，漢字も入力できます．

③ 次に，図7.2.2の左側のように，データ本体を入力する画面になります．

指定した観察単位区分数に対応するセルが表示されますから，そこに，データを入力していきます．入力箇所は自動的に進みますが，矢印のキイで動かすこともできます．入力誤りを訂正するとき，あるいは，入力結果を確認していくときに使います．この部分は5.4節に説明した入力手順に統一されています．

図7.2.2 Vタイプのデータ入力画面と入力例

```
カーソル移動 ⇒ 入力        終わりは ESC
              VAR1  VAR2
      OBS1    ___   ___
      OBS2    ___   ___
      OBS3    ___   ___
      OBS4    ___   ___
      OBS5    ___   ___
```

```
カーソル移動 ⇒ 入力        終わりは ESC
              VAR1  VAR2
      OBS1    40    120
      OBS2    45    130
      OBS3    50    136
      OBS4    52     /
      OBS5
```

すべてのセルへ入力したら，Esc キイをおします．

④ 確認に対してYと入力すると，データファイル(ファイル名 WORK.DAT)が出力されますが，その前に，図7.2.3の画面が現われて，出力する桁数を調整できます．

図7.2.3 出力桁数の調整

```
FILE へ書き出します
   データの桁数は  整数部分 ………… 3
                  小数点以下 ……… 0
   この形で記録します ………… Y/N
```

入力データの桁数が表示される．変更するなら
Nを入力すると，桁数を変更できる．

⑤ 入力データを出力したら図7.2.4のメッセージが表示されます．

図7.2.4 入力終了時メッセージ

```
FILE C:¥UEDA¥WORK¥WORK.DAT に書き出されました
   必要なキイワードは自動的に付加されていますから
   MENU にもどってすぐに使える形です．
   ただし，特別な使い方をするには
      DATAEDIT を使って，キイワードを書き足します
         MENU …… 1    DATAEDIT …… 2    1/2 を指定
```

使い方を指定するキイワードについては4.7節を参照してください．

7.2 データ入力プログラム —— DATAIPT

たとえば分布表の形のデータについては，形式上Vタイプとして扱いますが，分布をみるための値域区分が関与してきます．それを指定するためにキイワードCVTTBLを書き足すことが必要ですから，2としてDATAEDITを呼び出します．

⑥ SあるいはTタイプのデータセットの場合も同様ですが，データ指定画面で，変数区分に関する指定と，計の扱いに関する指定が必要となります．図7.2.5です．

この場合のデータ入力画面は，縦方向に観察単位区分，横方向に変数区分が並んだ行列形式の表(図7.2.6)になります．

また，横方向，縦方向の「計」を入力するためのセルが表示されています．この計のセルの数字を入力するか，計算させるかを指定できるのです．

計を入力したときは，計算して求めた計と照合して一致していないときには訂正するよう求めてきます．

Tタイプのときは，計の数字もファイルに記録されます．Sタイプのときは記録されません(分析では不要です)が，入力誤りを防ぐために入力できるようにしてあるのです．

例示では「計」を入力すると指定していますから，図7.2.6のように「計」の欄が表示され，その欄も含めて入力していきます．

図7.2.5 Tタイプのデータ指定画面と指定例

```
データのタイプ/名称/区分数を指定              データのタイプ/名称/区分数を指定
  データタイプ …… V/S/T                      データタイプ …… V/S/T      T
  観察単位区分の名称 ……                       観察単位区分の名称 ……      男女
    区分数 …………＜100                          区分数 ………＜100          2
  変数区分名 …………＜20                        変数区分名 …………＜20      体重区分
    区分数 …………                              区分数 ……                3
  SUMの扱い …… 1 計算  0 入力                 SUMの扱い …… 1 計算  0 入力 …… 0
```

図7.2.6 Tタイプのデータ入力画面と入力例

```
カーソル移動 ⇒ 入力    終わりは ESC        カーソル移動 ⇒ 入力    終わりは ESC
         計  VAR1 VAR2 VAR3                        計  VAR1 VAR2 VAR3 CHECK
  計      __   __   __   __                 計    200   40  120   40    0
  OBS1    __   __   __   __                 OBS1  100   25   60   15    0
  OBS2    __   __   __   __                 OBS2  100   15   50   25   10
                                             CHECK   0    0   10    0
```

データ入力画面では，入力位置が左上から右へ，右端では次の行へと自動的に移りますが，矢印のキイでこれとちがった動きをさせることもできます．

すべての欄の入力を終えてEscキイをおすと，図7.2.6の右側のように
  「計」と「内訳の数字の計」との差
がCHECK欄に表示されます．0でない箇所があればエラーですから，エラーの箇所

を探して訂正します．エラーがなくなった状態下では，Escキイをおせば終了し，桁数の確認または変更(④)，書き出し，次の処理指定(⑤)の順に進みます．

◇注　「計を計算する」と指定した場合にも計の欄が表示されますが，入力作業での入力位置には含まれません．計以外の欄のすべてに入力すれば計が計算されて，計のセルに表示されます．

⑦　入力したデータは，作業用フォルダC:¥UEDA¥WORKに，ファイル名WORK.DATとして記録されます．これは，すぐ使うことを想定した処置です．したがって，それを保存しておきたいときは，適当なファイル名をつけて，データベース用のフォルダC:¥UEDA¥DATA¥DATAに転記しておきます．

ただし，既存ファイルと同様な使い方をするためには，若干の手順が必要です．付録Dを参照してください．

▶7.3　データ入力プログラム —— CTAIPT

①　UEDAで使うデータを用意するためには，一般用の入力プログラムとして前節で説明したDATAIPTがありますが，世論調査や意識調査などの質的データについては，専用のCTAIPTがあります．

◇注　正確にいうと「世論調査」や「意識調査」の集計表を入力する場合ということです．ひとりひとりの調査対象のデータを入力するにはIPTGENを使います．

②　このプログラムを指定すると，図7.3.1のように，プログラムの概要が表示されます．3次元の表や，比率の形で表わされているデータに対応するようになっていることを示しています．これらがこのプログラムの特徴です．

図7.3.1　CTAIPTの最初の画面

```
データの編成は次の3とおりを指定できます
    1　項目ABの組み合わせ表
    2　項目ABCの組み合わせ表
    3　項目AB，AC，BCの組み合わせ表
入力手順
    データ名/表のタイプ/サイズ/データ本体
    計を入力した場合内訳の計と照合します
    比率を入力して実数に換算できます
2および3の場合はいくつかの部分にわけて入力
```

Enterキイをおすと進行します．

③　最初の指定画面では，まずデータ名を指定します．

名称を入力すると，データの仕様を指定するための欄が現われます(図7.3.2)．

まず，表のタイプを1, 2, 3のうちから指定します．

7.3 データ入力プログラム —— CTAIPT

図 7.3.2 入力データの仕様の指定

```
データの名称                              TEST
入力しようとするデータ TEST は
  2 次元統計表  A×B  ................ 1
  3 次元統計表  A×B | Ck  ........... 2
  3 次元統計表  A×B  A×C  B×C ... 3     1
```

入力した箇所を斜体で区別しています.

　例示では 1 を指定しています.
　つづいて,表の区分数を指定します(図 7.3.3).例示は二重分類表の場合ですから,A と B の区分数です.例示では,それぞれを 4, 2 と指定しています.
　計欄は,区分数には含めません.

図 7.3.3 入力データの区分数の指定

```
区分数            (計の欄は区分数には含めない)
   A の区分数は …… 4    B の区分数は …… 2
```

③　ここまで指定すると,指定された区分数に応じたセルをもつ入力画面が現われます(図 7.3.4).

図 7.3.4 入力の仕方指定 (1)

```
データ入力  A×B
入力データは比率 …… R    実数 …… Enter      R
          A0   A1   A2   A3   A4
    B0
    B1
    B2
```

　例示の場合,計に対応するセルを含めて 4+1 列 2+1 行です.計に対応する行は B_0,列は A_0 と表示されています.
　その画面の上部には,入力データは比率か実数かの問い合わせが出ています.
　アンケート調査の情報では,比率の形にして発表されるケースが多いので,比率を入力して,実数におきかえる機能を指定できるようにしてあるのです.ここでは,R と指定した場合について説明します.
　その場合,横計を分母とするか,縦計を分母とするかという問い合わせが出ますが (図 7.3.5 (a)),UEDA のデータ編成では,観察単位区分を縦方向,項目区分を横方向にするのが標準ですから,普通は横計を分母とするように指定します.

図 7.3.5 (a) 入力の仕方指定 (2)
　　　　　　 R と指定した場合

```
データ入力 (%単位)
 分母は横計 … X    分母は縦計 … Y           X
```

指定 1 で「実数を入力」と指定した場合には，計の数値を入力するか，計算させるかを指定するよう求めてきます（図 7.3.5 (b)）．

内訳の数字だけでなく計の数字も入力すると，内訳の数字の計を計算して，計の入力値と照合しますから，入力エラーを検出できます．

図 7.3.5 (b) 入力の仕方指定 (2)
　　　　　　 R と指定した場合以外

```
 横計は入力 … I   計算 … S  /   縦計は入力 … I   計算 … S  /
```

こういうチェックを行なうなら，計を入力すると指定します．その必要がなければ，計は入力せず，計算させます．

④　以上を指定すると，データの本体を入力する画面になります（図 7.3.6）．

区分番号 0 は，計の欄ですが，比率を入力すると指定した場合は分母と指定したセル（例では横計）に 100 が入っています．

図 7.3.6 データ入力の画面 (1)
　　　　　 横計を分母とする比率を入力する場合

データ入力					
カーソル移動 → データ入力　　終わりは ESC					
	A0	A1	A2	A3	A4
B0					
B1		100	＿		
B2		100			

縦計は，入力した値を使って自動的に計算しますから，入力しません．したがって，入力範囲は B1, B2 の行の A1～A4 の列ですから，最初の入力位置は A1B1 です．そこに，入力位置を示すカーソル＿が表示されています．

各セルに値を入力すると，カーソルは自動的に次のセルに動きますが，矢印のキイで動かすこともできます．

すべてのセルに入力が終わったら，Enter キイまたは矢印のキイでカーソルを動かし，各セルの数字を確認しましょう．確認を終えたら / をおします．

計を入力しなかった場合は，計を計算し，再度確認するように求めてきます．

7.3 データ入力プログラム —— CTAIPT

それ以外の場合には,入力した値の計を計算して照合します.

図 7.3.7 データ入力の画面 (2)

```
SUM を計算/チェックしました    もう一度確認
SUM CHECK の結果 ERROR あり
        A0    A1    A2    A3    A4
    B0
    B1  100   15    20    30    35
    B2  105   30    30    20    25
```

一致しない箇所があった場合には,図 7.3.7 のように入力誤りの可能性ありと指摘されますから誤りの箇所の数字を入力しなおしてください.この例では計が 100 とちがう値になっている行です.

カーソルを誤りの位置に動かして,訂正します.

確認終わり (または,訂正終わり) は / です.

図 7.3.8 データ入力の画面 (3)

```
実数に換算しました
カーソル移動 → 確認    終わりは ESC
        A0    A1    A2    A3    A4
    B0  500   120   130   120   130
    B1  200   30    40    60    70
    B2  300   90    90    60    60
```

⑥ 比率を入力すると指定してあった場合には,つづいて,比率の分母を入力します.

カーソルが横計の欄 (分母は 100 だとなっている箇所) を動きますから,分母の実数を入力します.

入力を終えて確認すると,入力した分母を使って,比率を実数におきかえ,その結果を表示します.Esc キイをおすと終了です.

⑦ これで入力作業が終わり,入力データを記録するというメッセージが出ます.

Enter キイをおすと,記録を実行し,記録したというメッセージが出ます.

ファイル名は WORK.DAT です.

⑧ このプログラムで用意したデータは,すぐに,CTA シリーズのプログラムで分析できます.したがって,分析をつづける場合は,使うプログラムを指定します.

図 7.3.9 次の処理指定

```
分析をつづける/入力データを保存して後で分析する
CTA02 …… 1    RACHART …… 2    CTA03 …… 3    後で分析 …… E
```

入力したデータをキープしておきたいときは，E を指定しますが，ファイル名が WORK.DAT となっていますから，適当な名にかえて，￥UEDA￥DATA￥DATA の中に転記しておきます．

◇**注1** MA の形のデータを使う場合には，計を入力すると指定し，「計」欄には，調査対象数を入力します（回答数の計でなく）．この場合，「計と内訳が合わない」というメッセージが出ますが，それを無視して進行すればよいのです．

◇**注2** 3次元の表を入力すると指定した場合には，その部分表ごとに上記④～⑦の手順が進行し，すべての部分表の入力が終わってから，⑧に進みます．

▷ 7.4　キイワードなどの追加 ── DATAEDIT

① データベースにおさめられているデータファイルのデータセット，あるいは，7.2節，7.3節のプログラムによって入力したデータセットについては，必要最小限のキイワードは自動的に付加されますから，そのままの形で使えます．

しかし，使い方によっては，特別のキイワードを付加することが必要となります．そのときには，プログラム DATAEDIT を使います．

② プログラム DATAEDIT を呼び出すと，まず，対象ファイルを指定する画面になります．

図 7.4.1(a)　対象ファイルの指定(1)

```
1  対象とするファイルは作業用ファイル
2  データベース中のファイル　*.DAT
```

UEDA のプログラムでは，対象データを「作業用ファイル WORK.DAT」に転記してから使うようになっていますから，まずこれを使い，結果をみて，キイワード（たとえばアウトライヤーを除けという指定文）を付加したい … よくあるケースです．

したがって，データベースのデータファイルだけでなく，作業用ファイル WORK.DAT またはプログラムの出力ファイル（*.OUT）を対象に指定できます．

図 7.4.1(a) で，1，すなわち，作業用ファイルを指定した場合，図 7.4.1(b) のよ

図 7.4.1(b)　対象ファイルの指定(2)

```
1  対象とするファイルは作業用ファイル
2  データベース中のファイル　*.DAT
                                          1
      1  AOV02A.OUT
      2  REG04.OUT
      3  WORK.DAT
                                          3
```

うに，作業用フォルダに記録されているファイル名が番号つきで表示されますから，番号で指定します．

図7.4.1(a)で2を指定した場合には，データベース中のファイル(拡張子.datをもつファイル，.datは入力不要)を指定します．

③ 対象ファイルを指定したら，そのファイルの内容が表示されます(図7.4.2)．

その1行目がグリーンになっているはずです．↑，↓のキイで，このグリーンの箇所が移動しますから，キイワードを挿入，削除あるいはおきかえたい箇所へ動かし，そこで，

  挿入する場合 …… Ins キイ
  削除する場合 …… Del キイ
  おきかえる場合 … BS キイ

をおします．

④ このデータセットに，たとえば番号60のデータを除けと指定するキイワード

   DROP=/60/

を挿入しましょう．

図7.4.2の行20020の位置でInsキイをおすと，図7.4.3のように挿入箇所(空白行)が用意され，その箇所に入力用のボックスが現われます(図7.4.3)．

⑤ このボックスにキイワードを書き込みます(図7.4.4)．

入力方式は，5.3節で説明した入力方式2によります．

入力が終わったらEscキイをおします．

すると，入力したキイワードが受け入れ箇所に挿入され(挿入箇所を示す枠が消え)，図7.4.2にこのキイワードが付加された状態にもどります．

⑥ 必要に応じて，さらに，挿入，削除，おきかえをつづけることができます．

おきかえを指定したときは，図7.4.3の入力ウインドウにもとの行が転記されますから，それを修正します．

削除を指定したときには，図7.4.2の画面で削除を指定すると，すぐに，その行が

図7.4.2 対象データを表示

```
20000 '************
20001 '*      食費支出
20002 '*      DH15.REI
20003 '************
20010 DATA NOBS=68
20020 DATA VAR=食費支出
20030 DATA 0.98, 1.51, 1.81, …
20040 DATA 3.08, 2.95, 2.02, …
         :
```

図7.4.3 挿入箇所を指定

```
20000 '************
20001 '*      食費支出
20002 '*      DH15.REI
20003 '************
20010 DATA NOBS=68
挿入
20020 DATA VAR=食費支出
20030 DATA 0.98, 1.51, 1.81, …
20040 DATA 3.08, 2.95, 2.02, …
         :
```

図7.4.4 キイワードを挿入

```
20000 '************
20001 '*      食費支出
20002 '*      DH15.REI
20003 '************
20010 DATA NOBS=68
挿入 20015 DATA DROP=/60/
20020 DATA VAR=食費支出
20030 DATA 0.98, 1.51, 1.81, …
20040 DATA 3.08, 2.95, 2.02, …
         :
```

⑦ DATAEDIT による処理を終了するには，Esc キイをおします．

　すると，キイワードを書き込んだファイル WORK.DAT が出力されます．これで終わりです．②でデータベース中のファイルを指定した場合も，出力は WORK.DAT です．データベース中のファイルは書き換えられません．

　◆注1　データ本体についても，入力ミスを訂正するためにこのプログラムを使うことができます．加除によってデータ数がかわった場合にはキイワード NVAR や NOBS の変更をわすれないこと．

　◆注2　キイワードを付加したファイルは，作業用ファイルとして扱われます．したがって，保存しておくためには，そのための措置が必要です．

　　たとえば，データセットの内容（データ本体など）をおきかえた場合には，元のファイルと同じ名（元のファイルを残しておく場合は別の名）につけかえた上，作業用フォルダ C:￥WORK からデータベース用フォルダ￥UEDA￥DATA￥DATA にコピーします．

　　ただし，キイワードの付加は簡単ですから，「これを加えたもの」というだけで別ファイルとして保存する必要はないでしょう．

　◆注3　新しいデータファイルをデータベース中の既存ファイルと同じように扱うには，若干の手順が必要です．付録 D を参照してください．

　◆注4　自分で用意したデータファイルを UEDA のデータファイルと区別して保存したいときには，フォルダ￥DATA￥DATA でなく，その下にサブフォルダ￥MY をつくって，その中におさめてください．すなわち￥DATA￥DATA￥MY￥XXXX.DAT（XXXX は任意）とするのです．

　　UEDA で使うときは￥MY をつけて￥MY￥XXXX と入力します．

　　ただし，プログラムによっては，これを受けつけない場合があります．

⑧　このプログラムで付加できるキイワードは，次のいずれかです．

　　　　CVTTBL … 変数の値域区分の区切り値を指定
　　　　DROP … 観察対象の一部を対象外とする指定
　　　　IDFLD … 変数のうち，観察対象の見出し扱いとするものを指定

　これらの指定は，同じファイルに V タイプのデータセットが複数記録されている場合，1つのデータセットで指定すれば，それ以降のデータセットにも適用されます．

　したがって，それぞれのデータセットに異なった指定を適用するときには，各データセットにおき，すべてのデータセットに同じ指定を適用するときには，最初のデータセットにおきます．

⑨　SF と DROP については，指定された処理は，各プログラム（一部を除く）で実行されます．

　CVTTBL については，それを使うようになっているプログラムにおいてのみ有効です．CVTTBL に対応する処理も，そのプログラムで行なわれます．

⑩　データセットの使い方を指定するキイワードは，その他にも多数ありますが，

それらについては,「キイワードの指定」と「指定された処理の実行」を行なうプログラムを別に用意してあります.

これらについては,以下の節で説明をつづけます.

補注　データファイルとデータセット

① まず最初に

　　データセットは,統計処理の対象とされるデータであり,
　　データファイルは,それを記録する場所である

ことをはっきり区別しましょう.いわば,「内容」と「いれもの」です.

したがって,1つのデータファイルに,1つのデータセットをおさめるとは限らないので,種々の注意が必要です.

② データセットは,統計処理の対象とされるものです.したがって,統計処理の種類によって

　　1つのデータセットを使う場合,
　　複数のデータセットを組み合わせて使う場合,

があります.SET または TABLE 形式のデータセットは,前者の扱いをすることが多く,VAR 形式のデータセットは後者の扱いをすることが多いのですが,そうすることが多いということであり,いつもそうだというわけではありません.

データセットの内容をみると,たとえば SET 形式のデータセットが,VAR 形式のデータセットを複数含む形になっていることがありますが,

　　データセットの選択,組み合わせを自由に行なえるようにするため,
　　複数の VAR 形式のデータセットに分割する

のであり,

　　複数のデータセットを不可分の単位として扱うことが普通だから
　　1つの SET 形式のデータセットにまとめる

のです.

③ どちらにしても,

　　プログラムで処理対象とするデータセットは
　　「1つのデータファイル」に記録しておく

のが普通です.

したがって,使い方を考えて,同じデータセットを異なるデータファイルに記録しておくことがありえます.

また,「種々のデータセットを1つのデータファイルにあつめる」といった作業が分析に先立って必要とされることがあります.

この章では,このような作業を行なう場面を受けもつプログラムについて説明して

いるのです．各節で説明していますが，ここで「データセット」と「データファイル」の扱い方に関してまとめておきましょう．

④ **DATAIPT, CTAIPT**　　入力したデータセットが SET または TABLE 形式の場合はひとつひとつのデータセットを別のデータファイルに記録しますが，VAR 形式の場合は複数のデータセットを1つのデータファイルに記録できます．

⑤ **TBLSRCH**　　データベースは情報の管理を目的としていますから，必ずしも分析で使う単位に対応しているとは限りません．したがって，検索段階で，データファイル中のデータセットを選択できるようにしてあります．

⑥ **VARCONV**　　分析用データセットを編集するための種々の処理を行ないますが，1つのデータファイル中のすべてのデータセットに同じ処理を適用することも，別々の処理を適用することもできます．

⑦ **DATAEDIT**　　VARCONV と同様ですが，編集を分析用プログラムの中で行なうことを前提としているため，データセットを対象とする処理に機能を限っています．

⑧ **FILEEDIT**　　VARCONV と同様分析用データセットを編集するものですが，FILEEDIT の場合は，複数のデータファイルを対象として，それらから選んだデータセットを1つのデータセットにまとめます．

◆**注**　プログラム SETDATA を指定すると，データセットを対象とする3つのプログラム

　　　DATAEDIT
　　　VARCONV
　　　FILEEDIT

についての説明をみることができます．また，その上で，これらのうちの1つを，場合に応じて選択し呼び出すことができます．

▶7.5　変数変換プログラム
　　　　── VARCONV (データセットの形式変換)

①　プログラム VARCONV は，データセット中のデータを変換することを主目的としますが，それだけに限らず，

　　A：　データセットの形式変換
　　B：　変数や観察単位の加除
　　C：　変数値の変換

のいずれかを単独で，あるいは組み合わせて適用できます．

以下，3つの節にわけて，その使い方を A，B，C の順に説明していきましょう．

②　プログラムを指定すると，まず，次のように，適用する機能を指定する画面になります．

7.5 変数変換プログラム —— VARCONV（データセットの形式変換）   *131*

図 7.5.1 VARCONV の機能指定画面

```
このプログラムは次の処理を行ないます．
    A  データセットの形式変換
    B  変数や観察単位の加除
    C  変数変換
            Aだけを適用するとき ……………………1
            Bだけまたは AB を適用するとき …………2
            Cだけまたはそれ以外と併用するとき ……3
                                                    1
```

③　この節では，まず A の使い方を説明しますから，図 7.5.1 で 1 を入力します．すると，図 7.5.2 のように，対象ファイルを指定する画面になります．

図 7.5.2 VARCONV の対象ファイル指定画面

```
対象ファイル名を指定
    作業用ファイル WORK.DAT  … W
    例示用サンプルデータ  …………R
    その他の場合ファイル名を入力 …
                                    R
```

例示をみる場合には R と入力します．
この例は，SET 形式で記録されているデータセットを VAR 形式にして扱う場合を想定したものです．

図 7.5.3 基礎データ

```
DATA SET.U1=ジンコウカンケイ
DATA NVAR=3/NOBS=4
DATA 30, 100, 200
DATA 40, 110, 250
DATA 50, 120, 300
DATA 60, 130, 350
DATA END
```

用意してあるいくつかの例の最初の最も簡単な例ですが，処理の手順を追ってください．

対象ファイルに含まれるデータセットのタイプを示すキイワード「SET」に「.U1」をつけていますが，この例では無視してください．

④　まず，対象とされたデータセットに含まれる変数名とデータサイズに関するキイワードが表示されます（図 7.5.4）．

変数名などを確認して Enter キイをおすと，データ本体が表示されます（図 7.5.5）．

図 7.5.4 対象データのデータ名確認

```
《指定されたデータをよみこみます》
SET.U1＝ジンコウカンケイ
NOBS＝4/NVAR＝3

《指定されたデータです，確認してください》
```

対象と指定したデータファイルに含まれる変数全体について，一連番号が「.U1」，「.U2」，「.U3」…の形式でつけられます．基礎データがSET形式の場合はその中に複数の変数が含まれているのでその数分の番号がわりあてられ，その最初の番号が表示されます．実際につけておく必要はありません．

このとき，対象データは，もとのデータセットにおける記録形式いかんにかかわらず，各観察単位ごとにその変数値を列記した形式（Sタイプ）で表示されます．

図 7.5.5 対象データの確認

30	100	200
40	110	250
50	120	300
60	130	350

対象ファイルに2つ以上のデータセットが含まれているときには，この段階で，それらが1つのセットにまとめられているのです．
後で説明する変数の加除や変数変換は，ここで行なわれます．

⑤　確認して Enter キイをおすと，実際の出力形式を指定する画面になります（図 7.5.6）．

図 7.5.6 出力形式の指定画面

```
編成結果を出力します
　S　変数×観察単位のクロス表形式　　　標準
　V　各変数ごとに観察単位の値を列記　　標準
　F　各観察単位ごとに一連の変数値を列記　特別の形式
　　　　　　　　　　　S/V/F のいずれかを指定
```

この例では基礎データがSタイプだったものをVタイプにしようと考えているのです．よってVと入力します．

すると，変数名(Sと指定するとセット名)を指定または確認する画面になります(図7.5.7)．

左の部分には原データにつけてあった変数名が表示されるのですが，この例では，ひとつひとつの変数の名称が定義されていなかったので，定義されている「SET」の名称に「_1」，「_2」，「_3」をつけたものを表示しています．

その右側に，入力用の枠と仮に定めた変数名が表示されていますから，変更するときには，そこへ入力します．

図7.5.7 変数名の指定画面

```
出力スタイル  V
指定されているデータセット名を表示します
   確認してENTERキイ(挿入キイをおすと入力または変更できます)
   SET  ……… ジンコウカンケイ
   VAR.V1 ……… ジンコウカンケイ_1    [年次        ]
   VAR.V2 ……… ジンコウカンケイ_2    [ジンコウカンケイ_2]
   VAR.V3 ……… ジンコウカンケイ_3
```

例示は，1番目の変数について，「ジンコウカンケイ_1」を「年次」とおきかえ，2番目の変数についての指定を待っているところです．

仮の変数名が表示されますから，変更するなら入力，変更しないならEnterキイをおせばよいのです．

⑥ すべての変数についてこの指定を終えると，図7.5.8のように，指定に応じた変換結果が表示されます．変数名は，図7.5.7でおきかえたものになっています．

図7.5.8 変換結果

```
DATA NOBS=5
DATA VAR.V1=年次
DATA 30, 40, 50, 60
DATA VAR.V2=面積
DATA 100, 110, 120, 130
DATA VAR.V3=人口
DATA 200, 250, 300, 350
DATA END
```

⑦ これで終わりです．Enterキイをおすと，この図の形式で，ファイルWORK.DATに出力されます．

⑧ 例示以外のデータファイルを指定した場合も，同様に進行します．
　　対象ファイル指定
　　　　→変数名確認→対象データ確認
　　　　→出力形式指定→変数名指定

　　　　　　→ 結果表示
という順序です．

▶7.6 変数変換プログラム
── VARCONV（変数あるいは観察単位の加除）

① プログラム VARCONV では，データセット中の変数や観察単位を加除するように指定することもできます（図 7.6.1）．

図 7.6.1　VARCONV の機能指定画面

```
このプログラムは次の処理を行ないます．
  A　データセットの形式変換
  B　変数や観察単位の加除
  C　変数変換
      A だけを適用するとき ………………………… 1
      B だけまたは AB を適用するとき ………… 2
      C だけまたはそれ以外と併用するとき …… 3
                                                    2
```

プログラムの最初に表示される「適用する機能指定」において，2 を指定すればよいのですが，
　　　　データセット中に，加除の仕方を指定するキイワードをおく
ことが必要です．
　したがって，
　　　　対象ファイル指定
　　　　　　　→ キイワードの書き込み，または，確認
　　　　　　　→ キイワードによる処理の実行
　　　　　　　→ 変数または観察単位の加除
　　　　それを実行した結果について
　　　　　　　→ 変数名確認 → 対象データ確認
　　　　　　　→ 出力形式指定 → 変数名指定
　　　　　　　→ 結果表示
という順序に進行します．前節の ⑧ と照合してください．前節の場合とちがって
　　　　キイワードの書き込みまたは確認のステップが入ること，
　　　　指定に応じた加除を実行するステップが入ること
になります．
　加除を実行した後は，前節と同様に，加除された後のデータが表示され，確認を求めた後，出力形式指定以下につづくのです．
　② ここでは，加除の指定文を付加した例と，その指定を実行した結果を示してお

7.6 変数変換プログラム —— VARCONV (変数あるいは観察単位の加除)

きましょう．対象ファイル指定画面で，「例示をみる」と指定したときに表示される例です．

③ 対象データセットに，変数を除外する指定文を挿入したデータセットが次の図7.6.2のように表示されます．

これを確認して，7.5節の場合と同様に進行させると，図7.6.3に示す結果が得られます．

図 7.6.2　指定例 1 の入力

```
data SET.U1=地域1のデータ
data NVAR=3/NOBS=3
data SEL.VAR=/XOO/
data 30, 100, 200
data 40, 150, 250
data 50, 200, 300
data SET.U2=地域2のデータ
data NVAR=3/NOBS=4
data SEL.VAR=/XOO/
data DROP.OBS=/4/
data 30, 150, 250
data 40, 180, 300
data 50, 210, 350
data 60, 240, 400
data END
```

斜体の文字が，データセットに書き加えられた部分．

図 7.6.3　指定例 1 の出力

```
data SET.V=地域1と2
data NVAR=4/NOBS=3
data 100, 200, 150, 250
data 150, 250, 180, 300
data 200, 300, 210, 350
data END
```

出力につけられた SET の名称は，VARCONV による処理過程でつけられたもの．

④ また，図7.6.4のように指定されている場合，図7.6.5に示す結果が得られます．

図 7.6.4　指定例 2 の入力

```
data SET.U=基礎データ
data NVAR=3/NOBS=4
data DROP.OBS=/1/
data 30, 100, 200
data 40, 150, 250
data 50, 200, 300
data 60, 250, 350
data VAR.U=追加データ
data NOBS=3
data 200, 250, 300
data END
```

図 7.6.5　指定例 2 の出力

```
data SET.V=新データ
data NVAR=4/NOBS=3
data 40, 150, 250, 200
data 50, 200, 300, 250
data 60, 250, 350, 300
data END
```

基礎データは SET 形式でも VAR 形式でもよい．

⑤ これらの例に示すように，キイワード DROP には
　　除去するのが変数の場合 ········· DROP.VAR
　　除去するのが観察単位の場合 ··· DROP.OBS

と修飾子をつけ，その値として
　　　除去する変数または観察単位の番号を/n1/n2/… と/区切りで示す
または
　　　採用するものをO，削除するものをXで示したリストをおく
形式を使います．
　⑥　対象とするデータセットが2つの場合を例示しましたが，1つでも，3つ以上でもかまいません．
　対象とするデータセットが2つ以上のときは，指定された加除を行なった後，1つのデータセットになります．
　この場合，
　　　各観察単位に対するデータとして，変数方向に接続されます
から，観察単位の数がそろうように指定することが必要です．
　⑦　7.3節に示したようにDATAEDITでも同様の指定ができますが，次の2点でちがっています．
　　a.　DATAEDITによる場合は，指定文を書き込むだけで，
　　　　削除処理の実行は，行なわない(それを使うプログラムで行なう)
　　　　VARCONVによる場合は，指定文の書き込みと実行を行なう
　　b.　DATAEDITによる場合は，観察単位の除去のみ(だからDROPと略記)
　　　　VARCONVによる場合は，この制限はない
　また，どちらの場合も，対象とするデータセットは，同一のデータファイルに記録されたものとしています．異なるデータファイルのデータセットを対象にする場合には，7.8節で説明するFILEEDITを使います．

▶7.7　変数変換プログラム —— VARCONV (変数値の変換)

　①　用意してあるデータを変換しなければならない場合には，さまざまなケースがあります．プログラムXTPLOTのように「プログラムの進行過程の中で対応」できるようにしたものもありますが，一般には，変換を行なう専用プログラムを使います．
　プログラム**VARCONV**がそれです．
　②　対象データの後ろに
　　a.　どの変数を使って
　　b.　どの変数を定義するか
　　c.　その変換ルールはこうだ
という記述を書き足しておくと，この記述にしたがって，新しい変数を求めた上，それをファイルに書き出します．
　この指定文を用意してないときには，VARCONVから入力ルーティンLEDIT

7.7 変数変換プログラム——VARCONV（変数値の変換）

(5.3節で説明したもの)を呼び出しますから，それを使って入力します．

③ したがって，処理の流れは，次のようになります．

   対象ファイルの指定
     → 変換ルールの書き込み，または，確認
     → 変換の実行
     → 変数名確認 → 変換結果確認
     → 出力形式指定 → 変数名指定
     → 結果表示

この3行目では7.6節で述べた「変数または観察単位の加除」も一緒に行ないます．変換ルールの書き込みまたは確認に，これを含めて考えれば，処理の進行は同じですが，変換ルールの与え方に関してさまざまなケースがありますから，そこを説明しましょう．

④ 典型的な例をプログラムVARCONVにつけてありますから，それを呼び出し，REIと指定して参照してください．指定文の例を表示し，その指定による変換結果をみることができますから，順を追ってみていけば，キイワードの機能や使い方がわかると思います．

次ページに，典型的な例を1つあげてあります．

図7.7.1が，基礎データに変換ルールを書き足したものであり，図7.7.2は，プログラムVARCONVによる出力です．

⑤ VAR形式で記録されたものを対象としますが，SET形式のデータでも，その成分を切り出して変数扱いできるものは，変数単位で，対象とできます．

同じデータファイルに複数のデータセットが記録されているとき，それらを区別せずに対象変数を選ぶことができます．その場合，観察単位数をそろえるために，その一部を落とすことを，キイワード「DROP」あるいは「SEL」を使って指定できます．

これらの指定は，対象データの中におきます．

⑥ 変換ルールを指定するときには，対象データの後ろに

   何を使うか ……… ＊USE
   何を誘導するか … ＊DERIVE
   変換ルールは …… ＊CONVERT

をおき，それぞれの内容を記述します．

⑦ **＊USE すなわち「何を使うか」**では，キイワードVAR.Unを左辺におき，右辺にそれぞれの変数名をおきます．変数番号nは，基礎データにおかれている順に対応する一連番号とします．

＊DERIVE すなわち「何を誘導するか」では，キイワードVAR.Vnを左辺におき，右辺にそれぞれの変数名をおきます．変数番号は，一連番号とします．

Uで定義した変数をそのまま使うときには，右辺に変数記号Unをおくとその変数名をひきつぎます．その場合，次に述べる変換ルールを省略できます．省略したとき

図 7.7.1 変換ルールの指定例

```
data SET.U＝年次面積人口
data NVAR＝3/NOBS＝5
data DROP＝/1/
data 20, 90, 150
data 30, 100, 200
data 40, 110, 250
data 50, 120, 300
data 60, 130, 350
data VAR.U＝追加
data NOBS＝4
data 150, 200, 250, 300
data END
* USE
 VAR.U1＝年次
 VAR.U2＝面積
 VAR.U3＝人口
 VAR.U4＝前年の人口
* DERIVE
 SET.V＝分析用
 VAR.V1＝U3
 VAR.V2＝増加数
 VAR.V3＝増加率
 VAR.V4＝人口密度
* CONVERT
 V2＝U3-U4
 V3＝U3/U4－1
 V3＝V3 * 100
 V4＝U3/U2
* END
```

図 7.7.2 変換結果

```
data SET.V＝ブンセキヨウ
data NVAR＝4/NOBS＝4
data 200, 33, 2.00
data 250, 25, 2.20
data 300, 20, 2.50
data 350, 17, 2.80
data END
```

基礎データのうち
 SET は年次面積人口,
 VAR は前年の人口
使う変数は
 U1, U2, U3, U4
誘導する変数は
 V1, V2, V3, V4
換算ルールを
 U, V を使って記述
この表わし方については以下で説明します

は, VAR.Vn＝VAR.Un だとみなすことになっているのです.

　出力ファイルは, 各変数を VAR 形式で記録するか, セットにして SET 形式で記録するかを選択できます. したがって, SET 形式にするときには, 変数全体の総称を SET.V＝の右辺で定義しておきます.

　＊CONVERT すなわち「変換ルール」の記述は, 変数 V を変数 U を使った算式としてかきます.

　算式は, おかれた順に使われます. したがって, 前におかれた算式で定義ずみの V を, それ以降の算式内に右辺で使うことができます.

　さらに説明することがありますが, まずは例示をみて, 「どんなことをしたいか」がはっきりよめることを確認してください.

　⑧　以下では, 例示を離れ, どんな変数変換ルールを適用できるかを説明しましょう.

　算式は, 変数名と加減乗除（＋, －, ＊, /）の記号を組み合わせて記述しますが, 次の範囲に限ることとしています.

7.7 変数変換プログラム —— VARCONV(変数値の変換)

  A op1 X op2 B op1 Y
   A,Bは定数,X,Yは変数
   op1は,*または/
   op2は,+または-

　また,算式内に括弧をおけます.これらの演算の実行順は,数学で決められているとおりです.

　たとえば例示におけるV3の算式を1つの式にまとめるためにV3=V2/U4*100-100とかくと許される範囲をこえますが,括弧を使ってV3=(V2/U4-1)*100とすればOKです.

　上記の制限をこえる複雑な算式は,いくつかの式にわけてかけばたいていは対応できます.たとえば

  V=5+3*U+4*U*U　は,　$\begin{cases} V=5 \\ V=V+3*U \\ V=V+4*U*U \end{cases}$　と表わせます

⑨　IF～THEN～ELSE～の形で計算の実行に関して条件を指定できます.たとえば例示におけるV4の算式を
  IF U2>1 THEN V4=U3/U2 ELSE V4=0
と改めることができます.

⑩　次のような関数記号を使うこともできます.
  sqrf(U), expf(U), logf(U), sinf(U), cosf(U), tanf(U)
  rankf(U) 　　　　　　(変数Uを大きさの順位値に変換)
  dummyf(U, C1, C2)　(変数Uを階級区分(C1, C2)に対応する区分番号に変換)
  splinef(U, C1, C2)　(変数Uを区分(C1, C2)ごとに区切った折れ線に変換)
  selectf(U, C1, C2)　(変数Uの値が階級区分(C1, C2)に属するデータを選択)

1行目は,数学で普通に使われる関数です.関数名の後ろにfをつけることにしています.プログラムVARCONVの中に記述するときは大文字を使ってください.

3行目以下にあげた関数 dummyf, splinef, selectf については,項を改めて説明します.

　関数の引数として,算式や関数をおくことも認められます.したがって,たとえばV2=expf(U1+U1)のようにかいてよいのです.

◆**注1**　たとえば関数logf(X)についてはXが0または負の場合エラーとなります.このプログラムではこういうエラーへの対処は組み入れてありません.

⑪　以下では,⑩であげた関数のうち,dummy関数,spline関数,select関数について説明します.これらは,系列データU(t)について,
  対象期間をいくつかに区切って
  各期間ごとに異なった傾向線を誘導する

といった使い方をする場合のために用意した関数です．具体的な例は第3巻『統計学の数理』を参照してください．

ここでは，これらの関数の定義の説明にとどめます．

⑫ dummy 関数は，たとえば対象データを3つの期間 1～3，4～5，6～10 にわけて扱いたいときに，期間 1，期間 2，期間 3 という区分を代表する疑似的な変数として

$$V1 = \begin{cases} 1 & \text{for 期間 1} \\ 0 & \text{for 期間 1 以外} \end{cases}$$

$$V2 = \begin{cases} 1 & \text{for 期間 2} \\ 0 & \text{for 期間 2 以外} \end{cases}$$

$$V3 = \begin{cases} 1 & \text{for 期間 3} \\ 0 & \text{for 期間 3 以外} \end{cases}$$

と定義される変数です．したがって，

t	1	2	3	4	5	6	7	8	9	10
V1(t)	1	1	1	0	0	0	0	0	0	0
V2(t)	0	0	0	1	1	0	0	0	0	0
V3(t)	0	0	0	0	0	1	1	1	1	1

となります．

V1＋V2＋V3＝1 が成り立っていることに注意しましょう．このことから，たとえば

$$V = A1 * V1 + A2 * V2 + A3 * V3 + B * U$$

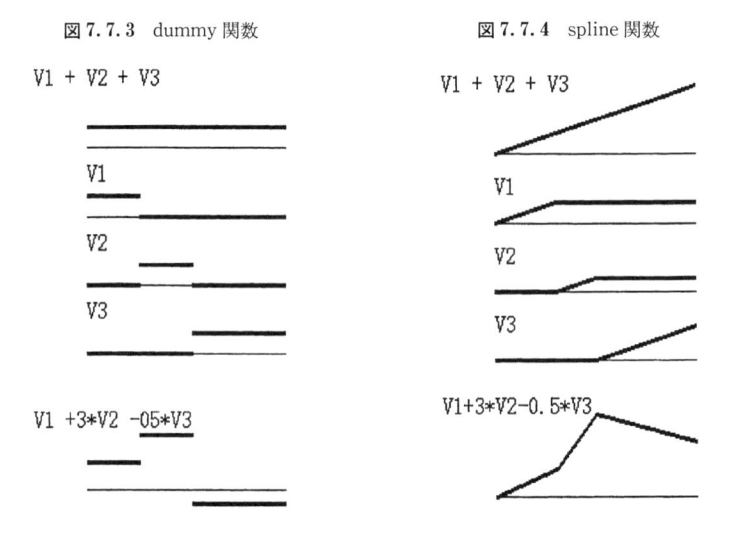

図 7.7.3　dummy 関数

V1 ＋ V2 ＋ V3

V1

V2

V3

V1 +3*V2 −05*V3

図 7.7.4　spline 関数

V1 ＋ V2 ＋ V3

V1

V2

V3

V1+3*V2−0.5*V3

7.7 変数変換プログラム —— VARCONV (変数値の変換)

において A1=A2=A3 の場合は直線関係，A1，A2，A3 が異なる場合は期間によってシフトした直線関係を表わすことになります(図 7.7.3)．

このことを利用して，V と U の関係の変化を分析することができるのです．

VARCONV では，これらの関数を

$\quad$ V1=dummyf(U0, 1, 3), $\quad$ V2=dummyf(U0, 4, 5), $\quad$ V3=dummyf(U0, 6, 10)

とかきます．右辺の変数 U0 は，＊USE では定義されていない変数であり，表現形式を整えるために形式上 U0 をおいたものです．

⑬ spline 関数は，各期間内での変化が直線か否かをみるといった分析をするときに使われるもので，次のように定義されます．

対象期間を 3 つの期間 k0~k1，k1~k2，k2~k3 とする場合について例示しています．

$$V1(t) = \begin{cases} 0 & \text{for 期間 1 の前} \\ t-k0 & \text{for 期間 1} \\ k1-k0 & \text{for 期間 1 の後} \end{cases}$$

$$V2(t) = \begin{cases} 0 & \text{for 期間 2 の前} \\ t-k1 & \text{for 期間 2} \\ k2-k1 & \text{for 期間 2 の後} \end{cases}$$

$$V3(t) = \begin{cases} 0 & \text{for 期間 3 の前} \\ t-k2 & \text{for 期間 3} \\ k3-k2 & \text{for 期間 3 の後} \end{cases}$$

例示についていうと，次のようになります．

I	1	2	3	4	5	6	7	8	9	10
V1(t)	1	2	3	3	3	3	3	3	3	3
V2(t)	0	0	0	1	2	2	2	2	2	2
V3(t)	0	0	0	0	0	1	2	3	4	5

この定義から，V1(t)+V2(t)+V3(t)=t となっていることに注意してください．このことは，直線を 3 つの折れ線に分解したことになっています(図 7.7.4)．

したがって，これらの線形結合

$\quad$ c1＊V1+c2＊V3+c3＊V3

によって，任意の折れ線を表わしうることを意味します．

VARCONV では，これらを

$\quad$ V1=splinef(U0, 1, 3), $\quad$ V2=splinef(U0, 4, 5), $\quad$ V3=splinef(U0, 6, 10)

と表わします．

右辺の変数 U0 は，＊USE では定義されていない変数であり，表現形式を整えるために形式上 U0 をおいたものです．

⑭ select 関数は，各期間内ごとにわけて扱う場合を想定した関数です．

したがって，次のように定義されます．

$V11=U1$,　$V21=U2$,　$V31=U3$　　for　期間 1,
　　　　　　　　　　　　　　　無定義　　for　その他の期間
　$V12=U1$,　$V22=U2$,　$V32=U3$　　for　期間 2,
　　　　　　　　　　　　　　　無定義　　for　その他の期間
　$V13=U1$,　$V23=U2$,　$V33=U3$　　for　期間 3,
　　　　　　　　　　　　　　　無定義　　for　その他の期間

　この場合には，＊USE で指定した変数がそれぞれの期間別にわけられるので，誘導される変数の数が増える結果となります．
　VARCONV では，すべての変数に対して定義するという意味で，記号＊を使って
　　VAR.V＊＝selectf(U＊, 1, 3)
　　VAR.V＊＝selectf(U＊, 4, 5)
　　VAR.V＊＝selectf(U＊, 6, 10)
のように表わします．

▶7.8　データセットの結合 ── FILEEDIT

　① 分析用プログラムで扱うデータは，1つの「データセット」です．これは，2つ以上のデータセットを使えないということではありません．どう組み合わせるかが問題だから，「分析用プログラムに入力する前に，分析意図に応じて，1つのデータセットに結合せよ」ということです．
　そのために，プログラム FILEEDIT を使います．VARCONV でも同じことができましたが，FILEEDIT を使うと，
　　　異なるデータファイルのデータセットを対象とする
こと，また，結合の仕方として
　　　「変数方向の結合」と
　　　「観察単位方向の結合」を選択する
ことができます(図7.8.1)．
　② このプログラムでは，それを呼び出した後，結合の仕方を指定する文を入力するよう求めてきます．
　指定文の書き方については，いくつかの典型的なサンプルが用意されていますから，それを参考にしてください．また，指定文を入力するための雛形を用意してありますから，それを加除して使うことができます．
　ここではその例のうち2つをみましょう．
　③ 例1(図7.8.2)は，年齢区分別(6区分)にみた意識調査の結果が，同じ形式で2年分得られているとき，年齢×年次を観察単位とする方向に結合して(観察単位が6×2区分の表として)分析する場合を想定しています．すなわち

7.8 データセットの結合──FILEEDIT

図7.8.1 2とおりの結合方法

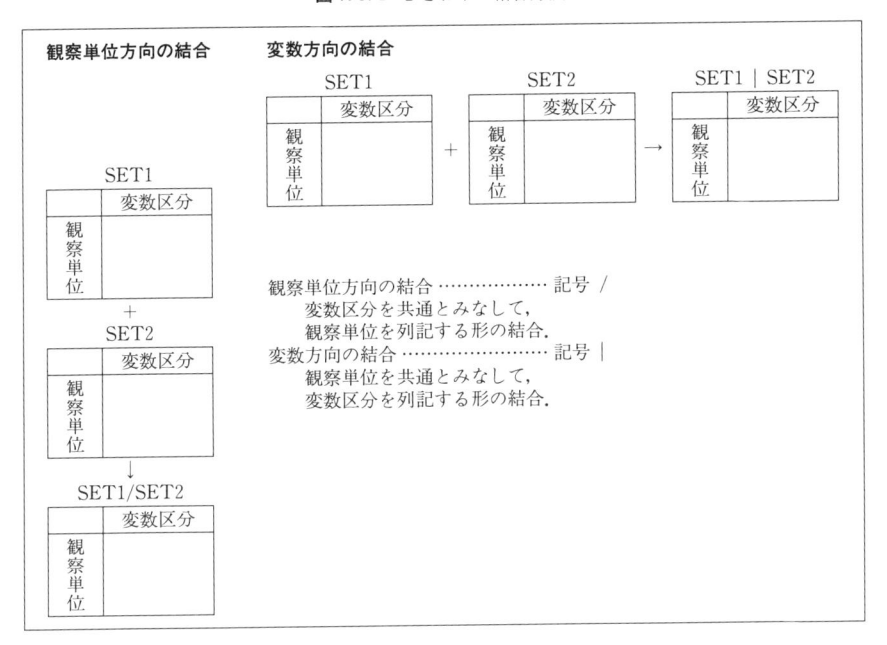

```
観察単位方向の結合        変数方向の結合
                     SET1            SET2              SET1 | SET2
                  ┌──変数区分─┐   ┌──変数区分─┐   ┌──変数区分─┐
     SET1        観│           │ 観│           │ 観│           │
  ┌──変数区分─┐  察│           │+察│           │→察│           │
  観│           │  単│           │  単│           │  単│           │
  察│           │  位└───────┘  位└───────┘  位└───────┘
  単│           │
  位└───────┘    観察単位方向の結合 ……………… 記号 /
       +                変数区分を共通とみなして,
     SET2                観察単位を列記する形の結合.
  ┌──変数区分─┐   変数方向の結合 ……………………… 記号 |
  観│           │        観察単位を共通とみなして,
  察│           │        変数区分を列記する形の結合.
  単│           │
  位└───────┘
       ↓
   SET1/SET2
  ┌──変数区分─┐
  観│           │
  察│           │
  単│           │
  位└───────┘
```

年齢区分×項目区分|年次1＋年齢区分×項目区分|年次2
 　　　→(年齢区分×年次区分)×項目区分

という扱いです.

図7.8.2 FILEEDIT の使用例(1)

```
 * USE
   SET.U1=SET2 in FILE DP30
   SET.U2=SET3 in FILE DP30
 * DERIVE
   SET.V=1958年+ 1963年
 * CONCAT
   SET.V=U1/U2
 * END
```

* USE で「使うデータセット」を指定
  FILE DP30 の2番目のセットと同じファイルの3番目のセットを使う.
* DERIVE で誘導するセットの略称を定義
* CONCAT で結合の仕方を指定
* END　　指定文の終わり

④　例1では,2年分を結合しましたが,2年分以上を結合することもできます.
　また,SET 形式の表を結合しましたが,TABLE 形式の表を結合することもできます.その場合,表に含まれている縦計,横計の数字は無視して結合します.使うプログラムで計が必要な場合には結合した表にもとづいて計算されます.
⑤　変数方向に結合して分析する場合も考えられます.
例2(図7.8.3)は,同じ観察対象(国)について,2年分の表が求められており,そ

れらを変数方向に結合せよと指定した例です．すなわち
　　　対象区分×項目区分｜年次1＋対象区分×項目区分｜年次2
　　　　　　→ 対象区分×(項目区分×年次区分)
という扱いです．
　この例では，項目区分について一部を落とすという指定をしています．
　結合すると質問項目の区分数が多くなりますから，「DK，NA を除く」こととしたのだということですが，DK，NA については別に扱うという意味もあります．
　変数を落としましたが，観察単位を落とすことも可能です．

　　　　　　図7.8.3　FILEEDIT の使用例(2)

```
* USE
  SET.U1=TABLE1 in FILE DQ11
  DROP.VAR=/5/6/
  SET.U2=TABLE1 in FILE DQ12
  DROP.VAR=/8/
* DERIVE
  SET.V=2つの質問の答え
* CONCAT
  SET.V=U1|U2
* END
```

* USE で「使うデータセット」を指定
　異なるファイルのデータセットでも
　TABLE 形式のデータセットでもよい
　結合する前に変数の一部を落としている
* DERIVE で誘導するセットの略称を定義

* CONCAT で結合の仕方は変数方向

* END　　指定文の終わり

⑥　「観察単位方向に結合するときには，変数の数がそろっていること」が必要であり，「変数方向に結合するときには，観察単位の数がそろっていること」が必要ですから，そうなるように指定してください．
　DROP 指定文は SEL.VAR=/OOOOXX/ のように，採否を示すマーク O または X を列記する形で指定してもかまいません．プログラム VARCONV の場合と同じ記法です．
⑦　このプログラムでは，2つ以上のデータファイルを対象とすることから，
　　　指定文は，データファイルの中におかず
　　　指定文だけを，データ本体とわけて，記述する
ことになります．
　したがって，プログラム FILEEDIT を呼び出す前に，対象とするデータファイルをよくみておいて，結合の仕方や変数や観察単位の扱いを決めておきましょう．VARCONV の場合のように，データファイルの内容をみながら，扱いを考えて，指定文を入力する…こういうことは，できません．
　プログラムを呼び出した後は，「あらかじめ考えておいた扱い方を記述する文」を入力するのです．
　プログラムの進行過程で確認を求めてきますから，入力誤りの訂正は可能ですが，データをみなおすといったことはできません．

● 付 録 ●

▶A. プログラム GUIDE

① **例**　UEDA のメニューで GUIDE を指定すると,「説明文リスト」を列記したサブメニュー(図 A.1)が表示されますから, 1~5 のどれかを指定してください. 指定を確認するステップを経て,「説明文リスト」(図 A.2)に登録されている説明文の内容(タイトルとファイル名)が表示されます.

図 A.1　メニュー GUIDE のサブメニュー

1	統計1	変化の説明
2	統計2	変化率の要因分析
3	統計3	寄与率の分析
4	統計0	情報のよみかき能力
5	追加	追加した説明文ファイル

注:これ以外が表示されることがありえます.

図 A.2　GUIDE による説明文リストの内容

追加 .LST		
1	説明文ファイル内でのグラフ仕様文の記述	GRAPH_H7
2	同上の適用例	GRAPH_H8

たとえば図 A.1 で 5, 図 A.2 で 2 を指定すると, GRAPH_H8 に記録されている指定にしたがって図 A.3 の画面が表示されます. ただし, 一挙に表示されるのでなく, 説明文を一字ずつよませる形で自動的に進行します. 説明の区切りでは進行が静止します. そのときは Enter キイをおしてください. 要は, 各プログラムについている説明文ファイルの場合と同じです.

② **プログラム GUIDE**　こういう形で説明文を表示させるプログラムが GUIDE です.

たとえば, あるカリキュラムを想定して, 順を追って説明(学習)を展開していくために用意した説明文をパソコンの画面に表示していく…いわば, 黒板に説明文をかくかわりに, パソコンのディスプレーを使うものと了解すればよいでしょう.

図 A.3 説明文2による画面表示

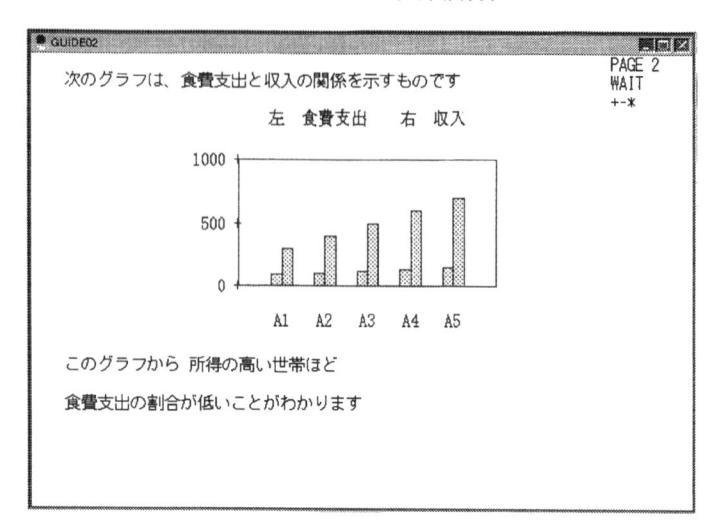

◆注1　UEDAでは，各プログラムに関連した説明文を，共通ルーティン HELP を使って表示しますが，この「説明文を表示すること」を切り離して，独立のプログラムとしたものに相当します．

◆注2　このプログラムは，UEDAの一部ですが，UEDAと切り離してオープンなシステムとして使うことができます．Windows の PowerPoint と同様の意図をもったシステムですが，説明文をよんでもらうことを想定しています．

◆注3　説明文をくわしくすれば，自習用に使うことも考えられます．また，要点書きにすれば，それをみせて，必要に応じて補足説明するという使い方も考えられます．

③　**説明文ファイル**　そういうシステムですから，ユーザーが思いどおりの「説明文ファイルを用意する」ことができます．

説明文を用意するために

　　　説明文の書き方，

　　　その表示の仕方などに関するいくつかのキイワード，

　　　説明文中に挿入するグラフの仕様を記述するキイワード，

に関して簡単なルールを決めてあります．

図 A.4 は，図 A.3 に例示した画面表示用の説明文ファイルです．

「01 CLS」から「22 END」までが画面に表示される文です．

CLS，＊GRAPH，PAUSE，END は，文の表示の仕方を指定するキイワードです．このうちの＊GRAPH01 は，ここまで表示したときグラフを挿入せよという指定です．挿入されるグラフの仕様は，本文の記述とわけて，＊GRAPH01 と END の間に記述されています．

A. プログラム GUIDE

図 A.4　説明文ファイルの例 … 図 A.3 のように表示される

```
01, CLS
02, '＊＊＊＊＊＊＊＊＊＊＊＊＊＊＊＊'
03, '＊　　説明文とグラフ仕様記述の例　　＊'
04, '＊＊＊＊＊＊＊＊＊＊＊＊＊＊＊＊'
06, PAUSE
08, CLS
01, 次のグラフは，食費支出と収入の関係を示すものです
02, GRAPH01
03, PAUSE
16,　このグラフから，所得の高い世帯ほど
18,　食費支出の割合が低いことがわかります
20, PAUSE
22, END
＊GRAPH01
GRAPH.ボウ＝食費支出と収入の関係
NVAR＝2
NOBS＝5
VARID＝/食費支出/収入/
VAR (1)＝/90/100/120/130/150/
VAR (2)＝/300/400/500/600/700/
SCALE＝/0/500/1000/
GSIZEV＝/100/220/
GSIZEH＝/200/450/
END
```

注：この例では，文番号とキィワード DATA をつけていません．データファイルと同様に，つけてもよいのです．

④　**説明文の書き方**　付録 B の「説明文ファイル」と付録 C「統計グラフの仕様記述」を参照してください．また，グラフの仕様に関しては，本文の 6.6 節にも説明してあります．

⑤　**説明文ファイルの登録**　用意した説明文ファイルのタイトルとファイル名を「追加.LST」に登録すれば，例示した説明文と同様に，簡単に表示できるのです．

登録するには，次の 2 つの作業が必要です．

1.　説明文を用意し，適当なファイル名をつけます．拡張子は .BUN とします．
　　たとえば，追加.BUN とします．

このファイル名を，フォルダ ¥UEDA¥PROG¥GUIDE に記録します．

図 A.5　説明文ファイルの登録

```
追加 .LST
    1  GUIDE の適用例                          GRAPH_H8
    2  説明文ファイル内でのグラフ仕様文の記述    GRAPH_H7
    3  ○○に関する説明                          追加
```

注：○○に関する説明の部分には，その説明文の内容を表わす見出しをおきます．

2. フォルダ ¥UEDA¥PROG¥GUIDE の中にある「追加.LST」をよみこむと図 A.2 が記録されていますから，それに，追加.BUN の名称と，ファイル名を図 A.5 のように書き加えて，セーブしなおします．

これで，①の手順で表示できるようになります．

◇**注1** 追加.LST 以外の説明文リストをつくってそこに登録することもできますが，その場合には，¥UEDA¥PROG の CATALOG.LST への登録が必要です．CATALOG.LST を参照してください．その説明文リストが，図 A.1 に追加表示されます．

◇**注2** この節では区別しませんでしたが，GUIDE01, GUIDE02 の 2 種があり，この節での説明文は GUIDE02 を使う場合です．

GUIDE02 を使うと，説明文中のグラフは**プログラム GRAPH の機能の範囲**に限定されます．したがって，グラフの仕様は，GRAPH 用のキイワードを使ってかくことになります．

GUIDE01 を使うと，説明文中のグラフを **BASIC のプログラムとしてかく**のですから，その仕様に関する制限はなくなります．そのかわり，プログラムをかき，コンパイルするといった作業が必要となります．

◇**注3** Windows 環境では，電源管理で，「ある時間マウスやキイを操作しないときには自動的に省エネモードに入る」ように設定してあるのが普通です．このプログラムを使うときには，その設定をかえて，省エネモードに入らないようにしておきましょう．画面を静止させて補足説明しているときに省エネモードに入ってしまうことを避けるためです．

◇**注4** スクリーンに投影することを考えて，GUIDE による表示では，大きいフォント，大きい画面を使うようになっています．

⑥ UEDA には，このシステムによって「統計的な見方」を説明する一連の説明文を用意してあります．

図 A.1 のメニュー 1～4 であり，図 A.6 はそれぞれのメニューのもとに用意されている説明文のタイトルです．

図 A.6 UEDA で用意されている GUIDE 用説明文リストとその内容

```
カリキュラム＝統計 1
  1  傾向性と個別性
  2  変化の説明
  3  変化の説明(つづき)
  4  弾力性係数
カリキュラム＝統計 2    [『統計学の論理』第 7 章用]
  1  変化率の読み方(ストックとフロー)
  2  変化率の読み方(分子・分母)
  3  変化率の読み方(タイムラグ)
カリキュラム＝統計 3    [『統計学の論理』第 7 章用]
  1  弾力性係数
  2  変化をみる方向(寄与度の例)
  3  寄与率・寄与度(種々の例)
  4  寄与率・寄与度の計算
  5  要因分析
カリキュラム＝統計 0
  1  情報教育     情報のよみかき能力を育成するために
  2  問題解決技法
```

▶B. 説明文ファイル

① 共通ルーティン HELPPGM あるいはプログラム GUIDE によって表示される説明文の書き方を説明します。

② 説明文は，画面表示1行分ごとにわけて，次の形式AまたはBのいずれかで記述し，テキストファイルとして記録します。

  形式A | 文番号 DATA 表示位置，表示内容または制御コード |

  形式B | 表示位置，表示内容または制御コード |

 a. 文番号とキイワード DATA は BASIC のデータ文の表現形式です。
  キイワード DATA は，小文字 data でもかまいません。
  これらを省略したものが，形式Bです。

 b. 表示位置は，画面上の表示位置(行)を指定します。
  0から20の間の整数です。

 c. その後に，コンマで区切って，表示内容1行分または制御コードをおきます。

 d. 表示内容は，全角文字または半角文字を使って記述します。長さは，半角文字79字以内とします。
  空白も1文字とします。表示するときにその数に相当する「間をおく」結果になります。したがって，行頭の空白も，そのことを考えて挿入します。

 e. 制御コードは，画面表示の仕方を指示するために使います。
  次項に示すキイワードを1字目からはじまる位置におきます。

 f. 説明文の最後に，キイワード END をおきます。
  このキイワードのところで，呼び出したプログラムにもどります。

 g. 説明文のタイトルや内容をおく「コメント行」をおくことができます。これは，画面に表示されません。

  コメント行の形式A | 文番号 DATA 'コメント行' |
  コメント行の形式B | 'コメント行' |

③ 説明文は，
  拡張子 .BUN をもつファイル名をつけて
  フォルダ ￥UEDA￥PROG￥GUIDE に記録
しておくと，プログラム GUIDE を使って表示させることができます。付録Aを参照してください。

 ◆注 ￥UEDA￥PROG￥BUN は，UEDA のプログラムで参照する説明文ファイル専用です。

④ **制御コード** 表B.1は，制御コードとその機能です。

表 B.1 説明文表示の制御コード

PAUSE	説明文表示の進行を一時停止する
X	その行の表示については，1行分を一気に表示する
'*	その行は表示しない
LINE ⟨⟨ ⟩⟩	その行の ⟨⟨ ⟩⟩ でかこんだ範囲に下線をつける
COL ⟨⟨ ⟩⟩	その行の ⟨⟨ ⟩⟩ でかこんだ範囲をカラー表示する
CLS	画面を消去する
CLT	画面表示のうち「テキスト部分」を消去する
CLG	画面表示のうち「グラフィック部分」を消去する
CLLn	画面表示のうちその行とそれ以降の n 行を消去する
SUBn	サブルーティンを call する
GRAPHn	グラフの仕様記述文を call する
END	説明文の最後におく

⑤ たとえば説明文中にグラフなどを挿入したいときには，そのグラフなどを描画するプログラムを別にかき（BASICによるサブルーティン），それを引用せよという文 SUBn を説明文中におきます．

この場合，プログラムに＊SUB01，＊SUB02，…などのアドレスをつけておきます．説明文中の指定文 SUBn の番号にあたるサブルーティンが参照されることになります．番号は，01から09までの範囲とします．

この機能は BASIC のプログラムをかくことが必要ですから，一般には適用できません．グラフつきの説明文をかくには，次の⑥によってください．

⑥ 挿入するグラフが，プログラム GRAPH の仕様記述文で表わせる場合には，それを描画する仕様記述文を（プログラムのかわりに）使うことができます．

この仕様記述文は，説明文の後ろ（同じファイル内）におきます．また，＊GRAPH1，＊GRAPH2などのアドレスをつけて，説明文中には，それを呼び出すように指定する文 GRAPHn をおきます．

この番号は 00 から 99 までの範囲で定めます．

⑦ ⑥に示す機能は，GUIDE01 の改訂版 GUIDE02 を使った場合に有効です．

これらのちがいについては 148 ページの注 2 を参照してください．

▶C. 統計グラフの仕様記述

① 統計グラフは，種々の分析用プログラムの出力形式のひとつとして採用しており，それぞれの分析場面に適した形で描画できますが，それらとは別に，グラフをかくところだけを取り出したプログラム GRAPH01 を用意してあります．

② このプログラムでは，いくつかの「基本的なキイワード」を定めてあり，それを使ってグラフの仕様を指定する文をかくと，それに応じたグラフを出力する仕組み

C. 統計グラフの仕様記述

表 C.1 統計グラフの仕様記述に用いるキイワード

キイワード	情報	適用されるグラフの型			
		棒	帯	線	点
《《基礎データの記述》》					
NVAR=N	変数の数	○	○	○	○
VARID=A	変数名	△	△	△	△
VARKUBUN=/A/A/…	変数区分の名称		△		
NOBS=N	比較区分数	○	○	○	○
OBSID=A	基礎データ名	△	△	△	△
OBSKUBUN=/A/A/…	各比較区分の名称	△	△	△	△
VAR ()=/N/N/…	基礎データ	○		○	○
OBS ()=/N/N/…	同上．別の与え方		○		
《《グラフの仕様記述》》					
SCALE=/N/N/…	座標軸	○	△	○	
SCALE for A=/N/N/…	第二の座標軸	(○)			
XSCALE=/N/N/…	X軸				○
YSCALE=/N/N/…	Y軸				○
SHIFT=/N/	表示位置のシフト		(○)	(○)	
GSIZEH=/N/N/	グラフのサイズ 左右	△	△	△	△
GSIZEV=/N/N	上下	△	△	△	△
GTYPE=A	グラフの向き	△	△		
BARSTEP=N	棒の間隔	△			
BARSIZE=N	棒の幅	△			
MENTYPE=/A/A/…	面描画パターン	△	△		
SENTYPE=/A/A/…	線描画パターン			△	△
TENTYPE=/A/A/…	点描画パターン			△	△

○：必須，(○)：使うときは必須，△：DEFAULT 指定あり，マークなし：不使用．＝の右辺は，N のところは数値，A のところは文字で与える．

表 C.2 画面操作で指定するオプション

OPTION A	仕様記述文の加除
OPTION B	文字列書き込み
OPTION C1	直線
OPTION C2	枠
OPTION C3	網掛け
OPTION C4	消しゴム
OPTION C6	移動
OPTION C8	矢印

OPTION. A= の形で仕様記述文をジェネレートするので，それを保存しておけば，自動的に再現できる．

を採用しています．
③ 表C.1が，このキイワードの一覧表です．
④ これによってグラフの基本部分を指定できるのですが，特別な仕様については，画面上のキイ操作で指定します．
表C.2が「画面操作で指定できる機能」のリストです．
⑤ これについては，本文の6.6節に概要を説明してありますが，仕様記述文の詳細については，図C.3に示す電子ファイルを参照してください．
UEDAのメニューで，プログラムGRAPH_Hを指定すると，図C.3のリストが表示されますから，番号を入力すると，それぞれの説明文が画面に表示されます．

図C.3　GRAPHの仕様記述説明文ファイル

```
説明文＝GRAPH_H.LST
  1/基本的な仕様記述文
  2/SCALEの指定
  3/帯グラフの仕様記述
  4/面パターン・線パターンのコード
  5/キイワードによる指定
  6/画面操作による指定
  7/説明文ファイルの中でのグラフ仕様記述
  8/同上の例
```

⑥ ここで述べたグラフの仕様記述文は，プログラムGRAPHの他，説明文を表示するプログラムGUIDE02でも使えます．説明文と一緒にグラフ仕様記述文を用意しておけば，グラフを使った説明文を画面に表示していくことができるのです．このことについては，付録Aを参照してください．
付録Aの図A.5の1,2は，図C.3のうちの8,7と同じものです．

▶D. データベース管理プログラム── TBLMAINT

① プログラムTBLMAINTは，ファイル名に拡張子.DATをもつデータファイルをデータベースに登録するために必要な「カタログ」を編集するプログラムです．
データを検索し，利用するときには，このプログラムでつくったカタログを参照します．そのときに参照すべき情報をデータファイルから拾い上げて，カタログに記録する … これがカタログ編成の主な作業です．
したがって，新しいデータファイルをつくったときだけでなく，既存のデータファイルの内容を加除したときにも，カタログを更新することが必要です．
② UEDA用のデータファイルの編成に関する規約などについては，本文の第4章で説明してありますが，データ検索やカタログ編成にあたって参照されるのは次の

D. データベース管理プログラム —— TBLMAINT 153

3点です．
 a. データの定義： 「いつの」，「どこの」といった属性や，集計区分などを，参考資料名とともに記録した「データファイルのヘッダー部分」
 b. データの名称： その1行目に記録してある「データの名称」と，2行目に記録してある「データファイルの名称」
 c. データのタイプ： VタイプかSまたはTタイプか．これは各データファイルに記録されているキイワードVAR, SET, TABLEによって判定します．

したがって，データファイルにこれらの部分が適正に記録されていることを確認してください．

図 D.1 データファイルの記録中カタログ編成での参照箇所

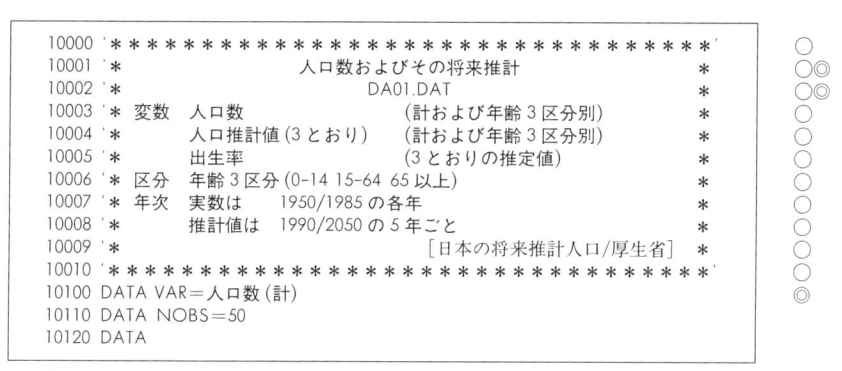

```
10000 '* * * * * * * * * * * * * * * * * * * * * * * * * * *    ○
10001 '*              人口数およびその将来推計               *    ○◎
10002 '*                      DA01.DAT                      *    ○◎
10003 '*   変数   人口数            (計および年齢3区分別)      *    ○
10004 '*         人口推計値(3とおり) (計および年齢3区分別)     *    ○
10005 '*         出生率             (3とおりの推定値)         *    ○
10006 '*   区分  年齢3区分 (0-14 15-64 65以上)                *    ○
10007 '*   年次  実数は     1950/1985 の各年                  *    ○
10008 '*         推計値は   1990/2050 の5年ごと               *    ○
10009 '*                         [日本の将来推計人口/厚生省]  *    ○
10010 '* * * * * * * * * * * * * * * * * * * * * * * * * * *    
10100 DATA VAR＝人口数(計)                                         ◎
10110 DATA NOBS＝50
10120 DATA
```

◎の箇所がカタログ編成にあたって参照される．
○の箇所は検索にあたって参照される．

また，データファイル名は，重複しないようにつけてください．UEDAに添付してあるデータファイルのファイル名は，その1字目をDとしています(例外もあります)から，1字目をこれ以外としてください

③ プログラムTBLMAINTを呼び出すと，次のメニューが現われます．

図 D.2 TBLMAINT のメニュー

```
カタログをプリント               P
カタログを編集                   E
カタログを更新(または新規作成)    C
終わり                           /
```

④ このメニューでCを指定すると，②で述べた要領で各ファイルから必要な情報を拾い出して，カタログを編集します．すべてのデータファイルをよみますから，

処理には少し時間がかかります．
⑤ すべての表示が終わったら，メニュー画面にもどります．
　この段階では，カタログはメモリの中にあります．／を指定すると，ディスクに記録します．または，既存のカタログを更新します．
　カタログのファイル名は DATAID.LST です．
　更新した場合，更新前のファイルは DATAID.BAC として残っています．
⑥ ディスクに記録する前に，またはすでに記録されているカタログを呼び出して，ファイル名の記録順をかえるなどの編集を行なうことができます．
　メニューのEを指定すると，カタログが図D.3のように表示されますから，
　　"動かしたいファイル名"のところにカーソルを動かして … F
　　"動かす先の位置"にカーソルを動かして … T
を入力すれば，それらの位置が入れかわります．

図 D.3　E を指定した場合の画面

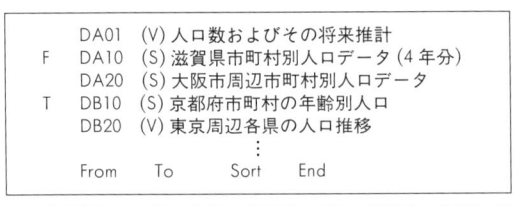

```
    DA01  (V) 人口数およびその将来推計
 F  DA10  (S) 滋賀県市町村別人口データ（4年分）
    DA20  (S) 大阪市周辺市町村別人口データ
 T  DB10  (S) 京都府市町村の年齢別人口
    DB20  (V) 東京周辺各県の人口推移
              ⋮
   From   To    Sort   End
```

　この指定例では，Fの位置のDA10がTのDB10の位置に移り，DA01, DA20, DA10, DB10, DB20, …の順に並びます．

　ソートの指定Sはどの位置で入力しても同じで，データファイル名のA, B, C順に並びます．

▶E. 家計調査のデータベース

① このテキストには，家計調査のデータベースを添付してあります．
　この調査の結果は，たとえば毎年刊行されている「家計調査年報」によって利用できますが，フロッピーディスクの形でも提供されています．これは，表計算ソフトで使う形になっていますが，このテキストに添付したデータベースは，このうち1988年分と1993年分の一部を，UEDAのプログラムで利用できる形に編成替えしたものです．
　選択した表は，次に示すとおりです．用途分類は勤労者世帯について，品目分類は全世帯についての表です．
② **検索利用のためのプログラム**　このデータベースを使うには，UEDAのメニューの「13　データベース」の中にあるプログラムDBMENUを使います．

E. 家計調査のデータベース

表 E.1　付属データベースに含まれる統計表

［用途分類］　1世帯あたり年平均1か月間の収入と支出
　　表 1　長期時系列
　　表 4　年間収入階級別
　　表 5　年間収入五分位階級・十分位階級別
　　表 7　世帯人員・世帯主の年齢階級別
［品目分類］　1世帯あたり年平均の財・サービスの区分別支出，購入数量，単価
　　表 16　長期時系列
　　表 16　年間収入五分位階級
　　表 16　世帯主の年齢階級別

原資料の著作権は「日本統計協会」にありますが，ここにあげた部分については，この形に編成替えし，本書に添付する許諾を得てあります．

これを指定すると，まず，利用できるデータベースのリストが表示されますから，その中から「家計調査」を指定します．

③　すると，次の図 E.2 のように，対象とする表を指定する画面になります．

この画面は，表 E.1 に示した収録表名のキーワードをレイアウトした形になっています．すなわち，

　　1列目は，対象年次や表の大きい区分（収支表か品目表か）
　　2列目は，集計区分（どんな区分別にわけた表か）
　　3列目は，計上されている計数の種類

です．

図 E.2　統計表指定画面

時系列	収支区分		
時系列	収支区分	年次別	支出金額 対前年名目増加率 対前年実質増加率
93 年	収支区分	月別	
88 年	収支区分	年間収支	金額階級別 五分位階級別 十分位階級別
		世帯主の年齢階級別	
		世帯人員別	
時系列	品目区分	年次別	支出金額 購入数量 平均価格
93 年	品目区分	年間収入五分位階級別	支出金額 購入数量
88 年	品目区分	世帯主の年齢階級別	平均価格

最初は，1列目の最初の行が反転表示になっていますが，矢印のキイで反転表示の箇所を上下に移動できます．この移動にともなって，画面の上部の表示もかわります．

1列目の区分のどれかを選んだら，右向きの矢印キイをおすと，2列目に移り，2行目の表示のどれかを選択できます．この場合上下の矢印による移動は，選択可能な範囲に限られます．左向きの矢印をおすと前の列にもどって選択しなおすことができます．

たとえば「93年収支区分」の「年間収入」の「十分位階級」の表を利用したいなら
　　　　上下に動かして「93年収支区分」
　　　　右に移した後，上下に動かして「年間収入」
　　　　右に移した後，上下に動かして「十分位階級」
という順に指定するのです．

表名が完全に特定された状態になったら，画面上部に確認を求める表示が出ます．図E.3がその状態です．

図 E.3　指定結果を確認

93年	収支区分	年間収入	十分位階級
\multicolumn{4}{l}{対象ファイルはTOK-2…確認してY/N}			
時系列	収支区分	年次別	支出金額 対前年名目増加率 対前年実質増加率

Yとすれば検索を終了し，次に進みます．

④　表名（家計調査年報での表名）と変数区分が表示された後，データ区分を指定する画面になります．家計調査の集計表は，収支区分も品目区分もたいへん多く，表示は1ページにはおさまりません．

上向き，下向きの矢印で反転箇所が動きます．画面の下端または上端で矢印のキイをおすと次ページまたは前ページが表示されます．また，＋または－キイで「ページ替え」できます．

使いたい変数区分名が反転されている行で
　　　　Enterキイをおすと，青色の表示，
　　　　すなわち選択されたことを示す表示
にかわります．

青色表示になっている箇所，すなわち指定ずみの箇所でEnterキイをおすと，指定を取り消すことになります．

品目区分の表では藍色で表示された箇所があります．その項目は，「数字がない」ことを意味します．

図 E.4　対象データ指定画面

```
番号またはカーソルで指定/＋－でスクロール/指定終わりはE
 1    /        /     /世帯数分布（抽出率調整）      /
 2    /        /     /集計世帯数                    /
 3    /        /     /世帯人員（人）                /
 4    /        /     /有業人員（人）                /
 5    /        /     /世帯主の年齢                  /
 6    /        /     /年間収入（万円）              /
 7    /010-050/     /収入総額                      /
 8    /010-039/     /実収入                        /
 9    /010-033/     / 経常収入                     /
10    /010-014/     /  勤め先収入                  /
11    /010-012/     /   世帯主収入                 /
12    /        /     /    うち男                   /
               ⋮
```

変数区分名は，いくつでも選択できます．
指定された区分の情報が1つのファイルに記録されるのです．
⑤　指定を終えるときには，Eのキイをおします．
出力形式として，VタイプかSタイプかを指定する画面が現われますから，使うプログラムで要求される形を指定してください．
指定された区分のデータを作業用ファイルWORKに書き出し，メニューにもどります．

▶F.　地域分析と地域メッシュ統計

①　地域データを分析するとき，基礎データが地点あるいは地域区分に対応していることから，特別な考慮が必要になってきます．

たとえば，地域区分別データの場合の計測値は，それぞれ"個体"ではなく，"連続体"を切りわけた"領域"に対応していることから，データ間の距離（地点間の距離）の情報がなんらかの形で効くことは明らかです．したがって，それを考慮に入れない限り，適切な説明は得られないでしょう．

距離の情報については，それを1つの変数として取り上げる方法もあれば，地図上の位置関係として取り上げていく方法もありえますが，データの示す情報をありのままとらえ，要約していく段階では，後者の方が有効です．

ただし，そういう分析を実行するには，地域の区切り方に関して自由度の高いデータが必要です．この期待にこたえて，"地域メッシュ統計"が利用できるようになりました．

②　地域メッシュは，地域区分に対応するデータを編成するための共通単位として設定された区分であり，

　　　緯度，経度をもとにして，ほぼ1km×1kmに区切る標準方式

(くわしくは後で説明)を採用しています．

メッシュ区分別の統計データについては，国勢調査をはじめ主要なセンサスの結果が，総務省統計局などで編集されており，磁気記録媒体の形で入手することができます．国勢調査の場合，県ごとに1～2本の磁気テープにおさめられており，必要な県の分を分割して購入することができます．

また，主要な統計については，地図に対応する様式(図F.1)のマイクロフィッシュまたはCDに記録されており，ハードコピーの形で，入手することもできます．

図F.2は，この情報を地図と重ねた形で値を濃淡模様で表わしたものです．利用しやすい形式であり，データの分布を概観するために有効な形式ですが，この形式で提供されるのは，人口総数など限られた範囲です．

◆注　解説資料「地域メッシュ統計の概要」
地域メッシュ統計の種類
　　　国勢調査 …………… 1970年以降の毎5年
　　　事業所統計調査 ………… 1975年以降の毎3年，1981年以降は毎5年
　　　両調査の結果をリンク … 1980年以降の毎5年の国勢調査と，それぞれの翌年の事業所統計調査
　問い合わせ先：日本統計協会　TEL 03-5332-3151

③ 地域メッシュ区分については，その区切り方とそのコード体系が"統計に用いる標準コード"として定められています．この区分および区分コードは，次項に示すよ

図F.1　地域メッシュ統計の提供形式(1)　マイクロフィッシュ

図F.2　地域メッシュ統計の提供形式(2)　統計地図形式の印刷物

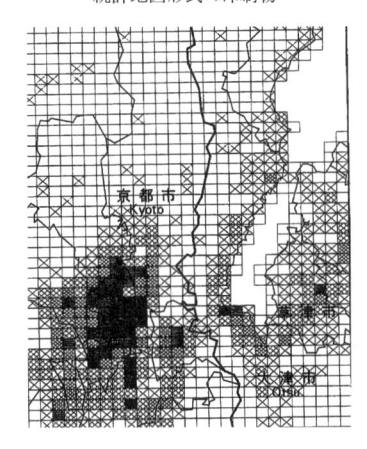

[総務庁統計局]

F. 地域分析と地域メッシュ統計

図 F.3　標準メッシュコード…一次区画

経度緯度	130	131	132	133	134	135	136	137	138	139	140
38	5630	5631		一次区画コード						5640 福島	
	5530	5531									
36	5430	5431	5432								
	5330	5331	5332						5339 東京		
	5230	5231	5232		5235						
34	5130	5131	5132		京都大阪						
	5030	5031	5032								
	4930	4931	4932						4939 八丈島		
32	4830	4831	4832								
	4730	4731	4732								

うに，地図に対応しており，簡単に，地図上の位置に対応づけることができます．

　　一次区画：　緯度 40 分×経度 60 分 (20 万分の 1 地形図 1 枚に対応)
　　二次区画：　一次区画を 8×8 区分に分割 (2.5 万分の 1 地形図 1 枚に対応)
　　三次区画：　二次区画を 10×10 区分に分割 (ほぼ 1km×1km の区分に対応)

この三次区画を統計表現の標準単位とするのが，地域メッシュ統計です．

④　この三次区画は，
　　一次区画に対応する 4 桁 (以下 AABB)
　　二次区画に対応する付加部分 2 桁 (以下 CD)
　　三次区画に対応する付加部分 2 桁 (以下 EF)

からなる 8 桁コードで表わされます．

このうち一次区画コードは，図 F.3 に示すように，緯度，経度に対応しています．
　　緯度 ϕ，経度 λ の地点を含む一次区画のコード AABB は，
　　AA＝ϕ を分単位で表わし，40 (一次区画の南北方向の幅) でわる
　　BB＝λ－100　　(いずれも，その整数部分)

として計算されます．

二次区画は一次区画を東西方向，南北方向にそれぞれ 8 等分したものであり，三次区画は二次区画を東西方向，南北方向にそれぞれ 10 等分したものです．

したがって，三次区画のサイズは，東西方向 30″ 南北方向 45″ に相当します．このことから，
　　緯度 ϕ，経度 λ の位置を含む二次区画，三次区画のメッシュコードは
　　　上の計算の端数部分を南北方向については 30″
　　　　　　　　　　東西方向については 45″ でわる

図 F.4 標準メッシュコード…二次区画，三次区画

70	71	72	73	74	75	76	77
60							67
50			二次区画コード				57
40							47
30							37
20							27
10							27
00	01	02	03	04	05	06	07

一次区画コード　AABB
二次区画コード　AABBCD
三次区画コード　AABBCDEF
AA＝緯度×1.5
BB＝経度の後ろ2桁
C＝南から順に 0,1,2,…,7
D＝西から順に 0,1,2,…,7
E＝南から順に 0,1,2,…,9
F＝西から順に 0,1,2,…,9

90	91	92	93	94	95	96	97	98	99
80									89
70									79
60									69
50				三次区画コード					59
40									49
30									39
20									29
10									19
00	01	02	03	04	05	06	07	08	09

三次区画＝標準メッシュ
　サイズ＝45秒×30秒
　　　　＝1km×1km
メッシュデータの分析用
データファイルでは
東西に並ぶ三次区画
のデータを1レコードと
して記録

ことによって，求められます．度，分，秒の換算に注意することが必要です．
　一例として，東京駅(緯度，経度は，ϕ＝35度40分30秒，λ＝139度45分20秒)を含むメッシュコードを計算してみましょう．

　　　AA＝35度40分30秒/40分＝2140分30秒/40分＝53　　端数＝20分30秒
　　　BB＝139度45分20秒－100度＝39　　　　　　　　　　端数＝45分20秒
　　　CE＝20分30秒/30秒＝1230秒/30秒＝41　　　　　　端数＝0.0
　　　DF＝45分20秒/45秒＝2720秒/45秒＝60　　　　　　端数＝0.4

　したがって，メッシュコードは，CE，DF の部分は順を入れかえて
　　　AABBCDEF＝53394610
です．

⑤　メッシュ区画が緯度，経度に対応していることから，そのサイズは北に位置する区画ほど小さいことになりますが，その差はわずかです．たとえば，東京近辺では，1.130×0.924 札幌近辺では 1.017×0.925 です．面積ではそれぞれ 1.044, 0.941 です．したがって，たいていの問題では，ほぼ1km×1kmの区画になっているとみてよいのです．

⑥　これらのメッシュ区分別の統計の多くは(年次によって多少ちがうが)，調査実施のために設定された調査区を単位として集計し，それをメッシュ区分に組みかえる方法で編集しています．したがって，調査区の境界線とメッシュの境界線とが一致し

ないことからくる編集誤差をもっています.

たとえば国勢調査の場合，人口200人程度で1調査区が設定されますから，人口密度の低い地方，たとえば $1\,km^2$ あたり千人の地区では5調査区が1メッシュに対応することになり，対応づけ（同定とよんでいます）の精度に起因する誤差が大きいとみなければなりません．これに対し，人口密度の高い地域では，多くの調査区が1つのメッシュに包含されますから，この誤差は問題になりません．したがって，都市部に関する問題に使うのが無難です．人口密度の低い地域の問題を扱うときには，たとえばいくつかのメッシュをまとめて使うなどの配慮が必要です．

したがって，人口総数，事業所総数など"調査単位の数"を示す統計については，地図形式の表（表F.1 または表F.2 の形式）を入手し，目でみてデータの精度をチェックし，どの程度まで精密な分析が可能かを判断することが必要です．

また，数年分のデータを照合しやすい形式にプリントアウトしてみましょう．

⑦　UEDA には，プリントアウトの形式を考えた出力用プログラムとして MESH-PRT や MESHMAP を用意してあります．

▷ G. 統計地図用境界定数

①　統計地図用の境界定数は，都道府県境界用と，市区町村境界用とがありますが，後者については，一部の地域のみを対象としています．

②　いずれも，国土交通省国土地理院の数値地図200000（海岸線，行政界）をベースとして編成したものです．

編成にあたって，次の表現精度を想定して，境界線を表わす折れ線を，一種の移動平均を適用して間引くことによって，情報量を減らしています．

都道府県界については，一次区画内の点 100×100 を識別できる程度

市区町村界については，一次区画内の点 1000×1000 を識別できる程度

また，閉域（島嶼部など）については，そのサイズが100ドット（画面に表示した場合）に達しない場合は省略しています．

表 G.1　市町村界を用意した範囲

東京を中心とする 50 km 圏	市区町村界	図 G.2 に示す範囲，区は東京都だけ
東京 23 区	区界	島嶼部を除く
東京都	市区町村界	島嶼部を除く
神奈川県	市区町村界	横浜市・川崎市の区も区別
大阪を中心とする 50 km 圏	市町村界	図 G.3 に示す範囲
大阪市	区界	
大阪府	市区町村界	
滋賀県	市町村界	
静岡市周辺	市町村界	

図 G.2　東京圏の範囲　　　　　図 G.3　大阪圏の範囲

③　行政界は，平成2年の状態によっています．
④　都道府県界については，等軸図法によって図示する場合の定数と，等積図法によって図示する場合の定数の両方を用意してあります．市区町村界は等軸図法による図示になります．
⑤　市区町村界は，表 G.1 の範囲について編成してあります．

▶H.　アンケート集計システム

　小規模なアンケート調査などについて，データ入力および結果集計を行なうシステムです．
　次の3つのプログラムを用意してあります．
　　　　CODEGEN：　調査表に対応するコード表作成
　　　　IPTGEN：　　調査結果の入力
　　　　TABGEN：　　調査結果の集計
以下，節をわけて，これらの使い方を概説します．
　また，各プログラムの使い方を説明するための例として，某大学の学生について調査した「アルバイトに関する調査」のデータをデータベースに収録してあります．この調査の調査表は，￥UEDA￥DATA￥CHOSA￥調査表.TXT に記録してあります．プリントしておくとよいでしょう．
　◆注　調査事項数が50程度までで，調査対象1人あたりの情報が255桁以内で記録できることを条件とします．調査対象者数は，プログラム上は無制限ですが，1000程度までと考えましょう．

H.1　コード表作成プログラム —— CODEGEN
①　このプログラムは，調査項目とそのコードに関する情報を表わすコード表を準

備します．実際の入力作業は別のプログラム IPTGEN を使いますが，そこで行なう入力エラーチェックなどは，このプログラムで作ったコード表によります．また，統計表集計プログラムでも，このコード表を参照します．

```
調査名を input してください（英字またはカタカナ）    学生アルバイト
調査名にかわる略称…6字以内（1字目は英字）         TEST
```

② プログラム CODEGEN を呼び出すと，まず，調査名およびその略称を指定するよう求めてきます．

略称は，出力ファイル名の一部として使われます．

◆注　このプログラムをためしに使うときは TEST としてください．
テストデータとして ARBEIT がありますから，このプログラムでは，ARBEIT としないでください．

③ 図 H.1.1 に示す入力画面になります．

この画面で，次の 1), 2), 3) を指定します．くわしくは，次の項で説明します．
   1) 調査事項名，タイプ，許容されるデータ範囲やコード
   2) MULTI ANSWER 扱いをする項目と許容する重複数
   3) 回答記入におけるブランチ条件

これらの指定を終えると，コード表がジェネレートされ，ディスクに記録されます．

ファイル名は，② で指定した調査名略称 XXXX に拡張子 .COD をつけた XXXX.COD となります．

④ **調査項目，コードの指定**　　調査事項とそのコードに関する情報を，以下の要領で指定していきます．

図 H.1.1　入力画面

```
1  項目名    4桁（数字または英字）         終わりは  /
2  タイプ    数量データ→Q    区分コード→C
3  Qのときデータの許容範囲    Cのときは許容コード（数字）

   コンマ，で区切って列挙またはマイナス － で範囲を示す
1  ＿＿＿  ＿＿＿＿＿＿＿＿＿
2  ＿＿＿  ＿＿＿＿＿＿＿＿＿
3  ＿＿＿  ＿＿＿＿＿＿＿＿＿
4  ＿＿＿  ＿＿＿＿＿＿＿＿＿
              ⋮
```

項目名は，4字以内の英数字，1字目は英字とします．調査表で使われている項目番号を使って，Q1, Q2, …, F1, F2…, のように指定しましょう（図 H.1.2）．一般の質問項目には Q を使い，対象者の属性区分（フェース項目とよぶ）には F を使ってくだ

さい.

　タイプは，QまたはCです．Qは数値(0または正の整数)で答える項目であり，Cはコード(0または正の整数1桁または英字1文字)で答える項目ですが，13をこえるコードがある場合は，Qと指定してください．

　数量データの許容範囲は，○-○の形式で，許容される最小値，最大値を指定します．

図 H.1.2　データ入力の途中画面

```
1  F1   C   1-4
2  F2   C   1,2
3  F3   C   1,2
4  F4   C   1,2
5  Q1   C   1-5
6  Q2   C   1-4
7  Q3   C   1-12
8  Q4   Q   1-99
9  Q5   C   1-6
```

　区分コードの許容範囲は，1-5の形で連続した範囲を示す，あるいは1,2,5のように許容されるコードを列記します．1-5,9のように混在した指定法を使ってもかまいません．

　空白は，Qタイプ，Cタイプのどちらにおいても，非該当または無回答用に使います．これについては，指定不要です．

　これらの指定は，項目番号の順，同一項目については1),2),3)の順です．入力箇所を示すカーソル(/の形の表示)は，この順に，自動的に動きます．

　項目名欄では，矢印キイを使ってカーソルを上下に動かすことができますから，入力ミスの訂正に使います．

　すべての入力を終えたら，項目名入力箇所で/を入力します．

　◆注　項目名入力箇所で←キイをおすと，カーソルは番号欄に移ります．この位置でDelキイをおすと，その行の情報(項目名，タイプ，許容コード)を消去し，その行以下の情報を順次くりあげます．また，Insキイをおすと，その行以下の情報を順次くりさげてその行を空白にします．すなわち，情報を挿入する箇所をつくります．

⑤　次は，MAを認める項目名を指定するステップです．

　↓または↑キイをおすことによってカーソルが図H.1.2の項目タイプの箇所を上下に動きますから，該当する項目のところで，くりかえし許容数を入力します．

　これに応じて，項目タイプの表示がCからM3のようにかわります．

　この扱いは，Cタイプの項目に限ります．

　該当する項目のないとき，または指定すべき項目がなくなったときは，/をおします．

⑥ ブランチ・ポイントの指定：調査表の設計が
　　項目A(ブランチ条件項目)の値がaのときは，
　　項目B(ブランチFROM項目)の次には
　　項目C(ブランチTO項目)に答える
という形になっているとき，そのことを指定しておくと，後述するように，入力作業を進めやすくなります．
　この指定は，項目B, C, Aの順に行ないます．
　まず**ブランチFROM項目**の指定です．
　↑または↓をおすと，カーソルが図H.1.2の項目名の箇所を上下に動きますから，該当する項目の箇所でBをおします．
　例示の調査表の場合は，Q3の次が条件によってかわるようになっていますから，ブランチ元をQ3と指定します．

図 H.1.3　ブランチポイントの指定(1)

```
条件によってSKIPする項目があれば
ブランチ元の項目の箇所でB
なければor指定を終わるときは /
```

すると，画面上部にブランチ条件指定画面(図H.1.4)が現われ，そのブランチ元の欄に，指定したFROM項目名Q3が転記されています．
　そうしてカーソルは，ブランチ先を入力する欄に移っています．

図 H.1.4　ブランチポイントの指定(2)

```
ブランチ元 Q3       ブランチ先_____
ブランチ条件        IF_____=_____
```

以下，次の順に指定していきます．
　　ブランチTO項目：　項目Cにあたる項目名．例示ではQ5
　　ブランチ条件項目：　項目Aにあたる項目名．例示ではQ2
　　ブランチ条件値：　ブランチ条件項目の値のいずれかを指定．例示では3
これらを指定すると，確認を求めるメッセージが表示されます．
Nと応答すると，訂正をつづけることができます．
Yと応答すると，別の条件指定をつづけることができます．
該当する項目のない場合または指定すべき項目がなくなったときには，/ をおします．

◆注　ブランチ条件は，1つの値で特定できる場合に限られます．ただし，そうでない場合は，値1つごとに別の条件として，わけて指定します．

⑥ 例示した調査表についてのコード表は，ファイル ARBEIT.COD として記録されていますから，プリント出力して，調査票様式と照合してみてください．

H.2 データ入力プログラム —— IPTGEN

① IPTGEN は，調査表に記録されたデータの入力作業を行なうためのプログラムです．

② **調査表の整理**　入力作業をはじめる前に，調査表を整理しておきましょう．

調査表には，調査表番号が必要です．それが記入されていないときは，インプット作業をはじめる前に，それを記入しておきます．番号は，数値に限り，4桁までとします．通し番号の方が便利ですが，飛び番号があってもかまいません．もちろん，同じ番号をもつ調査票があってはいけません．

③ **プログラムの準備**　プログラムを呼び出すと，まず，調査名略称の入力を求めてきます．コード表を準備するときに決めておいたものです．それを入力すると，その調査分のコード表をよみこみ，プログラムで参照できるようにセットします．

つづいて，最初の入力作業か，前に行なった作業のつづきかを指定するように求めてきます．入力作業に長時間を要するので，途中で中断して後で継続することができるように，後で継続という扱いを用意してあるのです．

作業の準備，出力用ファイル (WORK.DAT) の確認，入力エラーなどを記録するための「プリント用ファイル」(ERROR.PRT) の確認の順に進行します．

④ **入力画面**　つづいて，INPUT 画面の様式を指定する手続きに入ります．

画面に調査項目名が表示され，それぞれの位置に値をインプットしていくことになるのですが，画面を適当に設計することができます．たとえば，調査表が2段組みになっていたり，表裏にわかれている場合，その区切りに対応して，画面表示をおりかえすように指定できます．

例示した調査表の場合，その表面の左側に7項目，右側に6項目，裏面の左側に9項目，右側に9項目が配置されていますから，7,6,9,9 と指定すると，画面に表示される入力作業画面は，図 H.2.1 のように，これに対応するレイアウトになります．

図 H.2.1　データ入力画面

```
F1 (C)     __   Q4 (Q)    __   Q10 (C)   __   Q15A (C)  __
F2 (C)     __   Q5 (C)    __   Q11 (C)   __   Q15B (C)  __
F3 (C)     __   Q6 (M3)   __   Q12A (C)  __   Q15C (C)  __
F4 (C)     __   Q7 (C)    __   Q12B (C)  __   Q15D (C)  __
Q1 (C)     __   Q8 (C)    __   Q12C (C)  __   Q15E (C)  __
Q2 (C)     __   Q9 (M2)   __   Q12D (C)  __   Q15F (C)  __
Q3 (M3)    __                  Q12E (C)  __   Q15G (C)  __
                               Q13 (C)   __   Q15H (C)  __
                               Q14 (M3)  __   Q16 (M4)  __
```

注：3段組みにしたければ，13,9,9,0 のように形式上0をおいてください．

このレイアウトでは，各項目ごとに，項目IDとタイプの右側に，入力すべき桁数に応じた長さのアンダーラインが表示されています．

⑤ **調査表番号の入力**　入力画面では，まず，調査表番号（②でつけておいたもの）をインプットします．この番号が，データ文の文番号となりますから，入力ミスをしないように注意すること．後で訂正するのは（できるが）面倒です．

⑥ **データ本体の入力**　各項目の値を，表示された項目名の位置に入力していきます．

値を入力しEnterキイをおすと，カーソルは次の項目の位置に動きます．

ただし，ブランチ条件を指定してある場合，指定されている次の入力位置にカーソルが動きます．この場合，スキップされた箇所には，自動的に非該当マーク（空白コード）が記録されます．

例示の場合，Q2に対する値が3と入力されたケースについては，Q3の値を入力したら，途中の項目はすべて空白にした上Q15Aまでカーソルが動きます．

入力誤りの訂正　入力中に誤りに気づいたときは，↓キイ，↑キイでカーソルを動かして訂正できます．

無記入や不詳　無記入や不詳については，／を入力します．ファイルには，空白コードが記録されます．

MA項目　MA項目については，該当コードをつづけて入力します．

この場合，ひとつひとつのコードの区切りではEnterキイをおしません．いいかえると，重複回答はそれを列記したものがデータだと考えればよいのです．コード表に登録されている「コードの長さ」と，「許容くりかえし数」をまもってください（注）．

◆注　コード表に記載されているコードがたとえば01〜12の場合，
　　　0102は01と02，123は12と03，132は01と03と02

のように，コード表と照らして判定するようになっていますが，まちがいやすいので，すべて桁数をそろえて入力する方がよいという意味です．

⑦ **コード表と照合**　入力された値については，コード表と照合して，入力ミスをチェックします．そうして，該当しない値が入力されたときには，次のいずれかの処置をとるようメッセージが出ます．

　　　　C：訂正，　P：後で処理，　A：そのまま採用

Cを入力すると，その場で再入力できます．

Aを入力すると，入力された値をそのまま採用し，記録されます．この場合，その値はコード表に含まれていませんから，後でコード表を改める（または入力した値を書き換える）ことが必要です．そのままにしておくと，集計プログラムではエラー扱いとなります．

Pを入力すると，ファイルに？マークを記録します．後で調べて，？の箇所を正し

い値におきかえることを期待した処置です．

いずれの場合も，後で検討できるよう，該当する箇所のリストをプリントすることができます．

⑧ 調査表1枚分を入力すると，確認のメッセージが出ます．

エラーに気づいていれば，ここでも訂正できます．

訂正の場合も入力の場合も，進め方は同じです．訂正を要しない箇所は Enter キイで進め(もとの値のままになる)，訂正を要する箇所でのみ値を入力します．

⑨ 確認に Y と応答すると，その調査表分のデータをファイルに書き出し，次の調査表分の入力に移ります．

調査表番号のかわりに END を入力すると，終了します．

⑩ 入力データは，TEXT 形式ですから，任意のエディターでよみ，プリントできます．

？マークを記録しておいた箇所の処置だけでなく，気づかない誤りがありえますから，プリントし，調査表と照合すべきです．

H.3 データ集計プログラム —— TABGEN

① **TABGEN** は，調査結果の集計を行なうためのプログラムです．

② **プログラムの準備**　プログラムを呼び出すと，まず，調査名略称の入力を求めてきます．コード表を準備するときに決めておいたものです．それを入力すると，その調査分のコード表をよみこみ，プログラムで参照できるようにセットします．

つづいて，集計の進め方に関する次の指定を受ける画面になります．

図 H.3.1　集計表指定の進め方

```
A    すべてのデータを対象にして集計
S    指定した集計範囲のデータを選んで集計
              A or S を指定      A

0    すべての項目の回答区分別頻度表を集計
1    すべての項目のクロス表を集計
2    F項目とQ項目のすべてのクロス表を集計
3    指定項目のクロス表を集計
        １２の場合も後で範囲外と指定できます
              ０１２３のいずれかを指定    3
```

③ **集計の進め方指定**　まず A か S かを指定するように求めています．

一般にはすべてのデータを対象にして集計しますが，たとえば「男だけを選んで集計する」といった場合に S を指定します．また，どの集計も「男の場合と女の場合をわける」場合にも S を指定します．S の場合は後で説明します．

A と指定すると，下部に表示されている 0, 1, 2, 3 のいずれかを指定するように求

めてきます。
　まず3を指定してみましょう。

図 H.3.2　集計項目の個別指定

```
集計対象
    表側におく項目    F1
    表頭におく項目    Q4
```

④ **個別に指定する場合**　3と指定した場合には，集計表の表頭におく項目と，表側におく項目を個別に指定する画面になります。
　図 H.3.2 では，F_1 と Q_1 を指定しています。

表 H.3.3　集計の進行

	/T/	/1/	/2/	/3/	/4/	/5/	/6/
/T/							
/1/							
/2/							
/3/							
/4/							

　これについて集計することを確認すると，集計がはじまります。
　表 H.3.3 のように，表の枠が表示され，そこにカウントされていきます。
　集計が終わると，「他の表の集計をつづけるか」という問いが出ますから，集計をつづけるか，終わるかを指定します。
　つづけると指定すると図 H.3.2 にもどり，別の集計項目について集計できます。
　終わると指定すると，
　　　　集計結果は，TABGEN.PRT に記録されています
というメッセージが出ます。
　実際のプリントは，メニューにもどってから，プログラム PRINT を使って行ないます。
　複数の表を集計した場合には，同じファイルに追加されます。
⑤ **包括指定の2を指定した場合**　図 H.3.1 の画面で2を指定した場合には，図 H.3.2 で項目名を指定するかわりに，2つの項目のすべての組み合わせについて，
　　　　F_1 と Q_1, F_1 と Q_2, F_1 と Q_3, $\cdots$,
　　　　F_2 と Q_1, F_2 と Q_2, F_2 と Q_3, $\cdots$,
と，順に集計できるのですが，選択もできます。
　図 H.3.4 がその進行を確認する画面です。この画面で，それぞれの組み合わせに

ついて，実際に集計するか，その組み合わせを集計しないかを指定できます．

　Enter キイをおすと，画面に表示されている項目組み合わせについての集計がはじまり，④ と同様に進行します．

　集計が終わると，この画面にもどり，次の組み合わせについて同様に進行します．

図 H.3.4　包括指定した場合の集計項目確認

```
集計対象
    表側におく項目     F1
    表頭におく項目     Q1

    この組み合わせについて集計します
        これをバイパスするときは ·················· X
        包括指定から個別指定に変更するときは ··· C
        中断するときは ······························· E
                                    Enter or X C E
```

　X を入力すると，その組み合わせについては集計せず，次の組み合わせが表示され，その分について集計するか否かを指定することになります．

　C を入力すると，項目組み合わせを個別の指定する方式に切り替わります．

⑥　**包括指定の 1 を指定した場合**　　前項の包括指定は，コード表で項目名としていわゆる「フェース項目」と「質問項目」とが F, Q で識別されるようになっているときに有効です．それが識別されていない場合は ⑤ の扱いはできません．

　また，識別されていてもその区別を考えずに項目を組み合わせる場合には，図 H.3.1 の画面で 1 を指定します．また，この方が重要ですが，「質問項目」×「質問項目」の組み合わせ集計をするには，1 を指定します．

　組み合わせの候補に F, Q の制限がないことを除き，以降は，⑤ の場合と同様です．

⑦　**集計範囲の指定**　　図 H.3.1 の画面で S を指定した場合は，集計範囲を指定する図 H.3.5 が現われます．

図 H.3.5　集計範囲の指定

```
集計範囲を指定
    グループ 1 の定義_____

        たとえば F1=2              項目 F1 の値が 2
              (F1=1/2/3)*(F2=1)   項目 F1 の値が 1 2 3 のいずれかで
                                  項目 F2 の値が 1
```

　集計範囲の指定の仕方は，画面の下に例示されています．

　基本形は，

H. アンケート集計システム

　　　　　項目名＝その値

という形式です．

　値を / で区切って列記すると，値がそのいずれかである場合を対象とします．

　基本形による指定を括弧でかこみ，＊で結合すると，結合された条件の双方をみたす場合を対象とします．

　条件指定を終えて Esc キイをおすと，別の集計範囲を指定できます．それ以上の指定をしない場合は / を入力します．

　プログラムが進行して，指定された条件に合致するデータを抜き出し，該当データ数がいくつあるかを表示します．

　それを確認すれば，それらをわけて記録した作業用ファイルがつくられます．たとえば該当数が少ない場合そのグループ指定を取り消すことができます．

　この作業が終わった後は，⑤と同様に進行しますが，

　　　　　全体についての集計

　　　　　各グループ区分についての集計

をくりかえすことになります．

⑧　集計範囲の指定は，「集計する対象を限定する」ことになりますが，たとえば，項目1の区分が1，2であるとき

　　　　　グループ1　$F_1=1$

　　　　　グループ2　$F_1=2$

と指定すると，結果的にはすべての対象について F_1 で区分して集計したことになります．したがって，こう指定した上で，たとえば Q_1, Q_2 の組み合わせ表を指定すると，F_1, Q_1, Q_2 の3次元組み合わせ表が集計される結果になります．

索　引

欧　文

AOV01A　13, 26
AOV01E　10, 26
AOV02A　27
AOV02E　26
AOV03　84
AOV03A　30
AOV03E　30
AOV04　30, 84
AOV05　30

BOXPLOT1　28
BOXPLOT2　28
BOXPLOT3　28
BOXPLOTH　28
BUNPU0　27
BUNPU1　28
BUNPU2　29
BUNPU4　29
BUNPUHYO　29

CATALOG.LST　19
CDCONV　33, 73
CLASS　43, 114
CLASSH　43
CLUST　43
CLUSTH　43
CODEGEN　44, 162
CONTENT.LST　19
CORRPLOT　41
CTA01A　39, 110, 113

CTA01B　39, 113
CTA01E　39
CTA02E　39
CTA02X　40
CTA03　40
CTA03E　40
CTA03X　40, 114
CTA04　40
CTA05　40
CTAIPT　21, 41, 70, 122, 130
CVTTBL　24

DATABASE.LST　22
DATACHK　22, 81
DATAEDIT　21, 65, 126, 130
DATAID.LST　154
DATAIPT　21, 70, 119, 130
DBMENU　23, 154
DEL_WORK　21, 78
DENDRO　44
dummy関数　139

FBASIC　16
FILEEDIT　22, 130, 142
FONT　19

GRAPH01　48, 103, 150
GRAPH_H　48, 152
GUIDE　38, 48, 94, 145
GUIDE02　148

HELPPGM　66

索　引

INPUTBOX 69
IPTGEN 44, 166
IPTRTN 67

KANKYO.TBL 18
KUGIRI 72

LABELING 43
LAURENTZ 29
LEDIT 68
LOGISTIC 37
LOGIT_H 37

MA 60
MAPCONST 49
MCLUST 47
MENU 15, 18
MESHCVT 46
MESHEDIT 46
MESHIPT 46
MESHMAP 46
MESHPRT 46

PCA01 42
PCA01X 42
PCA02C 42
PCAMAP 43
PGRAPH01 38
PGRAPH02 39
PQRPLOT 38
PRINT 20, 76
PXYPLOT 33

Q1Q2Q3 27
Q1Q2Q3X 27

RANKCHK 41
RATECOMP 37
REG00 34
REG01A 34
REG01E 34

REG02A 34
REG02E 34
REG04 35
REG05 36
REG06 36
REG07 36
REG08 36
REG0AA 35
REG0BB 35
REGXX 34
REGシリーズの処理手順 34
RMAT01 41

select関数 139
SETDATA 71
SETUP 19
SET形式 23
spline関数 139
STATMAPD 21, 49
STATMAPX 48
STATMAPY 49
Sタイプ 23, 50
Sタイプ（分布表の場合） 59
　　──の記録形式 56

TABGEN 44, 168
TABLE 32
TABLE2 42
TABLE形式 24, 60
TBLMAINT 23, 152
TBLSRCH 23, 116, 130
TESTH1 30
TESTH2 30
TESTH3 31
TESTH5 31
TESTH6 31
Tukey Line 32
Tタイプ 25

UEDA 2
　　──の起動 8

索引

——の設計方針 1
——のフォルダ構成 3

VARCONV 21, 130, 134, 136
VAR形式 23
Vタイプ 23, 50
Vタイプ(分布表の場合) 54
——の記録形式 51

W_MEAN 42

XACOMP 27
XAPLOT 28
XPLOT1 28
XPLOT2 28
XTPLOT 37, 89
XYPLOT 94
XYPLOT1 32, 96
XYPLOT2 32, 96
XYZPLOT 33

ア 行

アウトライヤー 32
アンケート集計システム 162

一般用データベース 116
意味のある桁数 83
インストール手順 4
インストールの別法 7

影響分析 36
エラーメッセージ 81
円グラフ 38

オーバーフロー 83
帯グラフ 38, 48

カ 行

回帰診断 36

回帰分析 33
回帰分析(手法説明用) 34
回帰分析(問題処理用) 35
階層的手法 43
学習用システム 2
確率紙 30
家計調査のデータベース 154
飾り 108
加重回帰 36
加重平均 42
仮説検定 30
カタログ編成(データベース) 152
観察単位 50
——の加除 134
観察単位方向の結合 142
間接法 41

キイワード(統計グラフの仕様記述に用いる) 151
キイワード(DATAEDIT) 128
キイワード(データセットに付加する) 64
キイワード(データの構成に関する) 63
キイワード(データの使い方に関する) 63
キイワード(統計グラフの仕様記述) 103
境界線データ 49
共通ルーチン 66
寄与度分析 37
寄与率 37

区切り方(地域メッシュ) 158
区切り値の指定 73
クラスター分析 41, 47, 114
クラスター分析(メッシュデータ) 43
グラフィック画面のコピー 77
グラフの仕様記述 151

傾向性 95
傾向線 32
計算機能(XTPLOT) 93
結果の解釈 43

構成比　38
　　——のグラフ　38
　　——の差を評価　39
　　——の比較　39
　　——の分析　40
構成プログラム　17
5数要約図　28
コード体系(地域メッシュ)　158
コード表作成プログラム　162
個別性　95
混同要因　40

サ　行

作業用ファイルの消去　78
作業用フォルダ管理　21
3要因組み合わせ表　61

軸の回転　42
時系列データ　37
システムプログラム　18
指標値の総合　42
四分位偏差値　27
集中楕円　32
集中多角形　33
樹状図　44
主成分分析　42
使用環境の指定　4
仕様記述文(統計グラフ)　48, 103
仕様変更　107
情報の縮約　40
情報要約　41
情報量　39
処理手順　79
シンプソンのパラドックス　40

数量化Ⅰ類　36
数量化Ⅲ類　43
スペースフィラー　84

正規プロット　29

説明文
　　——の書き方　147
　　——の表示　66
説明文表示の制御コード　150
説明文ファイル　146
　　——の登録　147
説明文リスト　145
線グラフ　48

タ　行

多次元データ解析　41
短文記入　108
弾力性係数　37

地域分析　157
地域メッシュ統計　45, 157
中位値，四分位値トレース　32
調査結果の集計　44
直接法　41

通則(プログラムの進行に関する)　9

データ
　　——の画面表示　83
　　——のセッティング　71
　　——の統計的表現　26
　　——の変換　72
データ記録形式　23, 50
データ集計プログラム　168
データセット　129
　　——に付加するキイワード　64
　　——の結合　142
データ入力　41
データ入力プログラム　166
データファイル　129
データファイル編集プログラム　21
データベース　2, 22
　　——の管理　23, 152
　　——の検索　22
データ変換プログラム　21

データをよむための補助線(XYPLOT)　99
点グラフ　48
典型的な処理の流れ　15
デンドログラム　44

統計グラフ　48
　　──の仕様記述　150
統計処理プログラム　79
統計数値表　32
統計地図　48
統計地図用境界定数　161
等高線　47
登録プログラムのリスト編成　4
特化係数　39

ナ　行

2次元の分布表　25
2変数の関係プロット　32
入力　67
入力方式　69
入力方式1　10, 69
入力方式2　10, 69

ハ　行

非階層的手法　43
表形式　70
標準化(スコアー)　42

風配図　38
複数回答　60
プリンター出力　20, 76
プログラム開発用言語　16

プログラムの進行　9
分散分析　30
分布　27
　　──の特性値　28
　　──の比較表　25
分布形の表現法　28
分布表形式　24

平均値系列　36
平均値トレース　32
平均値比較　27
偏回帰プロット　36
変換ルールの記述　138
変数　50
　　──の加除　134
変数値の変換　136
変数変換　130, 134, 136
変数方向の結合　142

棒グラフ　48
ボックスプロット　28

マ　行

マーク表示方式（XYPLOT）　100

ラ　行

累積分布図　29

例示用データベース　116

ロジスティックカーブ　37
ローレンツカーブ　29

著者略歴

上田　尚一（うえだ・しょういち）
1927 年　広島県に生まれる
1950 年　東京大学第一工学部応用数学科卒業
　　　　総務庁統計局，厚生省，外務省，統計研修所などにて
　　　　統計・電子計算機関係の職務に従事
1982 年　龍谷大学経済学部教授

主著　『パソコンで学ぶデータ解析の方法』 I，II（朝倉書店，1990，1991）
　　　『統計データの見方・使い方』（朝倉書店，1981）

講座〈情報をよむ統計学〉9
統計ソフト UEDA の使い方　　　　定価はカバーに表示

2002 年 9 月 20 日　初版第 1 刷

著　者　上　田　尚　一
発行者　朝　倉　邦　造
発行所　株式会社　朝　倉　書　店
　　　　東京都新宿区新小川町 6-29
　　　　郵便番号　162-8707
　　　　電　話　03 (3260) 0141
　　　　Ｆ Ａ Ｘ　03 (3260) 0180
　　　　http://www.asakura.co.jp

〈検印省略〉

© 2002〈無断複写・転載を禁ず〉　　　平河工業社・渡辺製本

ISBN 4-254-12779-0　C 3341　　　　　Printed in Japan

東大 縄田和満著
Excelによる統計入門 （第2版）
12142-3 C3041　　A5判 208頁 本体2800円

Excelを使って統計の基礎を解説。例題を追いながら実際の操作と解析法が身につく。Excel 2000対応〔内容〕Excel入門／表計算／グラフ／データの入力・並べかえ／度数分布／代表値／マクロとユーザ定義関数／確率分布と乱数／回帰分析／他

東大 縄田和満著
Excel VBAによる統計データ解析入門
〔CD-ROM付〕
12144-X C3041　　A5判 196頁 本体3800円

Excelのマクロ，VBAを使った統計データの分析法を基礎から解説し，高度なものまで挑戦する。〔内容〕VBA入門／配列／関数，インプットボックス，インターフェース／乱数シミュレーション／行列／行列式と逆行列／回帰分析／回帰方程式他

東大 縄田和満著
Excelによる回帰分析入門
12134-2 C3041　　A5判 192頁 本体3200円

Excelを使ってデータ分析の例題を実際に解くことにより，統計の最も重要な手法の一つである回帰分析をわかりやすく解説。〔内容〕回帰分析の基礎／重回帰分析／系列相関／不均一分散／多重共線性／ベクトルと行列／行列による回帰分析／他

東大 縄田和満著
Excel統計解析ボックスによるデータ解析
〔CD-ROM付〕
12146-6 C3041　　A5判 212頁 本体3800円

CD-ROMのプログラムをExcelにアド・インすることで，専用ソフト並の高度な統計解析が可能。〔内容〕回帰分析の基礎／重回帰分析／誤差項／ベクトルと行列／分散分析／主成分分析／判別分析／ウィルコクスンの検定／質的データの分析／他

県立長崎シーボルト大 武藤眞介著
STATISTICAによるデータ解析
〔体験版CD-ROM付〕
12143-1 C3041　　A5判 212頁 本体4200円

グラフに強く，初心者にも使いやすい統計ソフトを使って統計のポイントを解説。**内容豊富な体験版CD-ROM付。**〔内容〕データ入力／度数分布とヒストグラム／グラフ／散布図／標本分布／正規分布／検定／分散分析／回帰分析／因子分析／他

東大 縄田和満著
Lotus1-2-3 統 計 入 門 Book
12128-8 C3041　　A5判 208頁 本体2800円

好評の『Excelによる統計入門』をLotus1-2-3に完全移植。例題を追いながら統計がわかる。〔内容〕Lotus1-2-3入門／表計算／グラフ／データ入力／データの並べかえ／度数分布／代表値／マクロとユーザ定義関数／確率分布と乱数／回帰分析他

前龍谷大 上田尚一著
講座〈情報をよむ統計学〉1
統 計 学 の 基 礎
12771-5 C3341　　A5判 224頁 本体3400円

情報が錯綜する中で正しい情報をよみとるためには「情報のよみかき能力」が必要。すべての場で必要な基本概念を解説。〔内容〕統計的な見方／情報の統計的表現／新しい表現法／データの対比／有意性の検定／混同要因への対応／分布形の比較

前龍谷大 上田尚一著
パソコンで学ぶ データ解析の方法 I
12073-7 C3041　　B5判 240頁 本体3500円

別売のプログラムソフトと一体化して統計解析の手法を学び，現実の問題の分析に適用し活用できるよう普通のテキストでは学び難いこつを提供した今までにないテキスト。〔内容〕変数間の関係分析／回帰分析／時系列データ分析【ソフト別売】

前龍谷大 上田尚一著
パソコンで学ぶ データ解析の方法 II
12078-8 C3041　　B5判 288頁 本体3900円

〔内容〕カテゴリカルデータ解析／構成比とその変化／多次元データ解析／地域メッシュデータの分析／アンケート集計システム／統計グラフ・プログラム／データ管理プログラム／付：問題とその基礎データ／システムノート／他【ソフト別売】

前龍谷大 上田尚一著
統計データの見方・使い方
―探索的データ解析の基礎―
12023-0 C3041　　A5判 192頁 本体3500円

予備知識の無い初心者にもわかるよう多くの実例を用いて解説。〔内容〕統計データ比率／指標／構成比と相対比指数と変化率／ストックとフロー／因果関係の表現／データの求め方との関係／比率の解釈／なぜ統計データの見方，表し方を学ぶか

◆ 医学統計学シリーズ ◆

データ統計解析の実務家向けの「信頼でき，真に役に立つ」シリーズ

国立保健医療科学院 丹後俊郎著
医学統計学シリーズ1
統 計 学 の セ ン ス
—デザインする視点・データを見る目—
12751-0 C3341　　A5判 152頁 本体2900円

データを見る目を磨き，センスある研究を遂行するために必要不可欠な統計学の素養とは何かを説く。〔内容〕統計学的推測の意味／研究デザイン／統計解析以前のデータを見る目／平均値の比較／頻度の比較／イベント発生までの時間の比較

国立保健医療科学院 丹後俊郎著
医学統計学シリーズ2
統 計 モ デ ル 入 門
12752-9 C3341　　A5判 256頁 本体3800円

統計モデルの基礎につき，具体的事例を通して解説。〔内容〕トピックスI〜IV／Bootstrap／モデルの比較／測定誤差のある線形モデル／一般化線形モデル／ノンパラメトリック回帰モデル／ベイズ推測／Marcov Chain Monte Carlo法／他

長崎大 中村 剛著
医学統計学シリーズ3
Cox比例ハザードモデル
12753-7 C3341　　A5判 144頁 本体2800円

生存予測に適用する本手法を実際の例を用いながら丁寧に解説〔内容〕生存時間データ解析とは／KM曲線とログランク検定／Cox比例ハザードモデルの目的／比例ハザード性の検証と拡張／モデル不適合の影響と対策／部分尤度と全尤度

国立保健医療科学院 丹後俊郎著
医学統計学シリーズ4
メタ・アナリシス入門
—エビデンスの統合をめざす統計手法—
12754-5 C3341　　A5判 232頁 本体3800円

独立して行われた研究を要約・統合する統計解析手法を平易に紹介する初の書〔内容〕歴史と関連分野／基礎／代表的な方法／Heterogenietyの検討／Publication biasへの挑戦／診断検査とROC曲線／外国臨床試験成績の日本への外挿／統計理論

千葉大 松葉育雄著
統計ライブラリー
非 線 形 時 系 列 解 析
12660-3 C3341　　A5判 208頁 本体3600円

不規則に変動する時系列データを，非線形な特徴をとらえ解析する方法を解説。実際的な応用や演習問題により，具体的な方法について詳しく説明〔内容〕時系列解析／統計入門／線形・非線形統計モデル／長期記憶解析／カオス入門／非線形解析

早大 豊田秀樹著
統計ライブラリー
共分散構造分析［入門編］
—構造方程式モデリング—
12658-1 C3341　　A5判 336頁 本体5500円

現在，最も注目を集めている統計手法を，豊富な具体例を用い詳細に解説。〔内容〕単変量・多変量データ／回帰分析／潜在変数／観測変数／構造方程式モデル／母数の推定／モデルの評価・解釈・順序／付録：数学的準備・問題解答・ソフト／他

早大 豊田秀樹著
統計ライブラリー
共分散構造分析［応用編］
—構造方程式モデリング—
12661-1 C3341　　A5判 312頁 本体4800円

応用編では，様々な数理モデルが，共分散構造モデルによってどのように表現されるかを具体的に詳述。〔内容〕方程式モデルの表現／因子分析／実験データの解析／時系列解析／行動遺伝学／テスト理論／パス解析／非線形／潜在曲線／付録／他

早大 豊田秀樹著
統計ライブラリー
項目反応理論［入門編］
—テストと測定の科学—
12662-X C3341　　A5判 192頁 本体3200円

テストの「グローバル・スタンダード」である実用的な理論を，生のデータを使っていねいに解説〔内容〕テストと項目／項目の特性／尺度値／項目母数／テスト情報関数／テストの構成／項目プールと等化／段階反応／問題解答／プログラム／他

早大 豊田秀樹編著
統計ライブラリー
項目反応理論［事例編］
—新しい心理テストの構成法—
12663-8 C3341　　A5判 192頁 本体3400円

テスト・調査を簡便かつ有効に行うための方法を心理測定をテーマに，具体的な手順を示して解説〔内容〕心理学と項目反応理論／劣等感尺度の構成と運用（劣等感とは／項目／母数／水平・垂直テスト，他）／抑うつ尺度／向性尺度／不安尺度／他

元統数研 林知己夫著
シリーズ〈データの科学〉1
データの科学
12724-3 C3341　A5判 144頁 本体2600円

21世紀の新しい科学「データの科学」の思想とこころと方法を第一人者が明快に語る。〔内容〕科学方法論としてのデータの科学／データをとること—計画と実施／データを分析すること—質の検討・簡単な統計量分析からデータの構造発見へ

東洋英和大林　文・帝京大 山岡和枝著
シリーズ〈データの科学〉2
調査の実際
—不完全なデータから何を読みとるか—
12725-1 C3341　A5判 232頁 本体3500円

良いデータをどう集めるか？不完全なデータから何がわかるか？データの本質を捉える方法を解説〔内容〕〈データの獲得〉どう調査するか／質問票／精度。〈データから情報を読みとる〉データの特性に基づいた解析／データ構造からの情報把握／他

日大 羽生和紀・東大 岸野洋久著
シリーズ〈データの科学〉3
複雑現象を量る
—紙リサイクル社会の調査—
12727-8 C3341　A5判 176頁 本体2800円

複雑なシステムに対し、複数のアプローチを用いて生のデータを収集・分析・解釈する方法を解説。〔内容〕紙リサイクル社会／背景／文献調査／世界のリサイクル／業界紙に見る／関係者／資源回収と消費／消費者と製紙産業／静脈を担う主体／他

統数研 吉野諒三著
シリーズ〈データの科学〉4
心を測る
—個と集団の意識の科学—
12728-6 C3341　A5判 168頁 本体2800円

個と集団とは？意識とは？複雑な現象の様々な構造をデータ分析によって明らかにする方法を解説〔内容〕国際比較調査／標本抽出／調査の実施／調査票の翻訳・再翻訳／分析の実際、社会調査の危機、「計量的文明論」他〕／調査票の洗練／他

長崎シーボルト大 武藤眞介著

統計解析ハンドブック

12061-3 C3041　A5判 648頁 本体22000円

ひける・読める・わかる——。統計学の基本的事項302項目を具体的な数値例を用い、かつ可能なかぎり予備知識を必要としないで理解できるようさしく解説。全項目が見開き2ページ読み切りのかたちで必要に応じてどこからでも読めるようにまとめられているのも特徴。実用的な統計の事典。〔内容〕記述統計(35項)／確率(37項)／統計理論(10項)／検定・推定の実際(112項)／ノンパラメトリック検定(39項)／多変量解析(47項)／数学的予備知識・統計数値表(28項)。

柳井晴夫・岡太彬訓・繁桝算男・
高木廣文・岩崎　学編

多変量解析実例ハンドブック

12147-4 C3041　A5判 916頁 本体30000円

多変量解析は、現象を分析するツールとして広く用いられている。本書はできるだけ多くの具体的事例を紹介・解説し、多変量解析のユーザーのために「様々な手法をいろいろな分野でどのように使ったらよいか」について具体的な指針を示す。〔内容〕【分野】心理／教育／家政／環境／経済・経営／政治／情報／生物／医学／工学／農学／他【手法】相関・回帰・判別・因子・主成分分析／クラスター・ロジスティック分析／数量化／共分散構造分析／項目反応理論／多次元尺度構成法／他

B.S.エヴェリット著　前統数研 清水良一訳

統計科学辞典

12149-0 C3541　A5判 536頁 本体12000円

統計を使うすべてのユーザーに向けた「役に立つ」用語辞典。医学統計から社会調査まで、理論・応用の全領域にわたる約3000項目を、わかりやすく簡潔に解説する。100人を越える統計学者の簡潔な評伝も収載。理解を助ける種々のグラフも充実。〔項目例〕赤池の情報量規準／鞍点法／EBM／イェイツ／一様分布／移動平均／因子分析／ウィルコクソンの符号付き順位検定／後ろ向き研究／SPSS／F検定／円グラフ／オフセット／カイ2乗統計量／乖離度／カオス／確率化検定／偏り他

上記価格（税別）は2002年8月現在